走进大学
DISCOVER UNIVERSITY

什么是兽医学？

VETERINARY SCIENCE:

A VERY SHORT INTRODUCTION

[英] 詹姆斯·耶茨 著

张龙现 主审

马莉 译

大连理工大学出版社
Dalian University of Technology Press

著作权合同登记 06-2022 年第 199 号

图书在版编目（CIP）数据

什么是兽医学？ /（英）詹姆斯 · 耶茨著；马莉译. -- 大连：大连理工大学出版社，2024.9
书名原文：Veterinary Science: A Very Short Introduction
ISBN 978-7-5685-4806-9

Ⅰ. ①什… Ⅱ. ①詹… ②马… Ⅲ. ①兽医学 Ⅳ. ① S85

中国国家版本馆 CIP 数据核字 (2024) 第 010607 号

什么是兽医学？ SHENME SHI SHOUYIXUE?

出 版 人：苏克治
策划编辑：苏克治
责任编辑：张 泓
责任校对：李宏艳
封面设计：奇景创意

出版发行：大连理工大学出版社
（地址：大连市软件园路80号，邮编：116023）
电　　话：0411-84708842（发行）
0411-84708943（邮购）　0411-84701466（传真）
邮　　箱：dutp@dutp.cn
网　　址：https://www.dutp.cn

印　　刷：辽宁新华印务有限公司
幅面尺寸：139mm × 210mm
印　　张：7.25
字　　数：139千字
版　　次：2024年9月第1版
印　　次：2024年9月第1次印刷
书　　号：ISBN 978-7-5685-4806-9
定　　价：39.80元

本书如有印装质量问题，请与我社发行部联系更换。

出版者序

高考，一年一季，如期而至，举国关注，牵动万家！这里面有莘莘学子的努力拼搏，万千父母的望子成龙，授业恩师的佳音静候。怎么报考，如何选择大学和专业，是非常重要的事。如愿，学爱结合；或者，带着疑惑，步入大学继续寻找答案。

大学由不同的学科聚合组成，并根据各个学科研究方向的差异，汇聚不同专业的学界英才，具有教书育人、科学研究、服务社会、文化传承等职能。当然，这项探索科学、挑战未知、启迪智慧的事业也期盼无数青年人的加入，吸引着社会各界的关注。

在我国，高中毕业生大都通过高考、双向选择，进入大学的不同专业学习，在校园里开阔眼界，增长知识，提升能力，升华境界。而如何更好地了解大学，认识专业，明晰人生选择，是一个很现实的问题。

为此，我们在社会各界的大力支持下，延请一批由院士领衔、在知名大学工作多年的老师，与我们共同策划、组织编写了“走进大学”丛书。这些老师以科学的角度、专业的眼光、深入浅出的语言，系统化、全景式地阐释和解读了不同学科的学术内涵、专业特点，以及将来的发展方向和社会需求。

为了使“走进大学”丛书更具全球视野，我们引进了牛津大学出版社的*Very Short Introductions*系列的部分图书。本次引进的《什么是有机化学？》《什么是晶体学？》《什么是三角学？》《什么是对称学？》《什么是麻醉学？》《什么是兽医学？》《什么是药品？》《什么是哺乳动物？》《什么是生物多样性保护？》涵盖九个学科领域，是对“走进大学”丛书的有益补充。我们邀请相关领域的专家、学者担任译者，并邀请了国内相关领域一流专家、学者为图书撰写了序言。

牛津大学出版社的*Very Short Introductions*系列由该领域的知名专家撰写，致力于对特定的学科领域进行精练扼要的介绍，至今出版700余种，在全球范围内已经被译为50余种语言，获得读者的诸多好评，被誉为真正的“大家小书”。*Very Short Introductions*系列兼具可读性和权威性，希望能够以此帮助准备进入大学的同学，帮助他们开阔全球视野，让他们满怀信心地再次起航，踏上新的、更高一级的求学之路。同时也为一向关心大学学科建设、关心高教事业发展的读者朋友搭建一个全面涉猎、深入了解的平台。

综上所述，我们把“走进大学”丛书推荐给大家。

一是即将走进大学，但在专业选择上尚存困惑的高中生朋友。如何选择大学和专业从来都是热门话题，市场上、网络上的各种论述和信息，有些碎片化，有些鸡汤式，难免流于片面，甚至带有功利色彩，真正专业的介绍尚不多见。本丛书的作者来自高校一线，他们给出的专业画像具有权威性，可以更好地为大家服务。

二是已经进入大学学习，但对专业尚未形成系统认知的同学。大学的学习是从基础课开始，逐步转入专业基础课和专业课的。在此过程中，同学对所学专业将逐步加深认识，也可能会伴有一些疑惑甚至苦恼。目前很多大学开设了相关专业的导论课，一般需要一个学期完成，再加上面临的学业规划，例如考研、转专业、辅修某个专业等，都需要对相关专业既有宏观了解又有微观检视。本丛书便于系统地识读专业，有助于针对性更强地规划学习目标。

三是关心大学学科建设、专业发展的读者。他们也许是大学生朋友的亲朋好友，也许是由于某种原因错过心仪大学或者喜爱专业的中老年人。本丛书文风简朴，语言通俗，必将是大家系统了解大学各专业的一个好的选择。

坚持正确的出版导向，多出好的作品，尊重、引导和帮助读者是出版者义不容辞的责任。大连理工大学出版社在做好相关出版服务的基础上，努力拉近高校学者与读者间的距离，尤其在服务一流大学建设的征程中，我们深刻地认识到，大学出版社一定要组织优秀的作者队伍，用心打造培根铸魂、启智增慧的精品出版物，倾尽心力，服务青年学子，服务社会。

“走进大学”丛书是一次大胆的尝试，也是一个有意义的起点。我们将不断努力，砥砺前行，为美好的明天真挚地付出。希望得到读者朋友的理解和支持。

谢谢大家!

苏克治

2024年8月6日

序　言

许多人对兽医学都有一种刻板印象，认为它是一门与治疗牲畜和宠物疾病相关的小众学科，大连理工大学出版社引进的这本《什么是兽医学？》颠覆了这种传统的认知。本书涉及的内容不仅适合兽医学专业研究人员、动物养殖户、宠物爱好者，也可飨环保人士，以及对动物健康、动物福利、动物伦理、人畜共患病、食品安全、公共卫生、生态平衡等议题感兴趣的所有普通读者。作者詹姆斯·耶茨博士（Dr James Yeates）是世界动物联盟首席执行官，曾任英国皇家防止虐待动物协会首席兽医官，具有兽医临床经验和动物福利科学、生物伦理学教育背景，多年来致力于动物福利宣传工作。

本书共六章，探讨兽医学发展简史，比较人类医学与动物医学，阐释兽医学基本治疗原理，讲述动物疾病预防方法，研究跨物种疾病，展望全球兽医学的未来发展。与大多数专注于动物疾病及其治疗方法的兽医学书籍相比，本书的显著特点在于将兽医学置于与各学科的关系网中，结合兽医专业理论与临床实践，纵览兽医学的历史、现状与未来。

本书开篇即在世界范围内追溯兽医学的发展历程。时间跨度从公元前3 000年的史前时代，历经中世纪、科学革命、启蒙运动时期，一直到21世纪的今天，地域覆盖美索不达米亚、古希腊、古罗马、古埃及、古中国、古印度。早在中世纪以前，人类已有对狂犬病治疗和鼠疫暴发的文字记载，《汉谟拉比法典》、阿育王法敕、卡洪莎草纸、《水蛭书》等亚洲、非洲、欧洲的法典和文献中镌刻着自古以来人们对动物健康的关注。人类为大象、马、牛等与农业、交通、战争密切相关的动物提供健康保障和疾病预防服务可以看作是动物医疗的萌芽，为今日兽医学的蓬勃发展奠定了基础。

16—18世纪，科学革命和启蒙运动将科学实验纳入兽医学研究方法，推动兽医学进一步向科学、严谨的专业学科发展，英国皇家防止虐待动物协会的成立也促使人们深入反思动物虐待问题。19世纪是耶茨博士眼中的“美好时代”，疫苗等兽医医疗新技术得到推广应用。同时，各类兽医科研机构、学术期刊、兽医法案相继涌现，为20世纪大量农场动物的科学繁育与养殖提供了有力的理论与技术支撑，也为深化各国动物病疫防控工作、开展动物心理健康研究、保护环境和野生动物搭建了科研平台，最终使兽医学发展成一门兼具科学性质与临床性质的学科。

包括人类在内，各物种在解剖学、生理学、遗传学、病理学、微生物学、心理学、行为学、免疫学、病理生理学方面具有诸多相似性，这使各物种的生物学特性、所患疾病类型、身体对疾病作出的反应具有很强的类比性。人类与动物医疗之间很大程度上具有互通性，因此，兽医学也可视为医学的一个分支。然而，也正是由于兽医学存在横跨不同物种的特点，不同动物之间的差异性，甚至是同一病患个体不同时期的身体特点也会导致实际诊疗过程的千差万别。此外，耶茨博士还敏锐地注意到患病动物的医疗待遇差别，尤其是人与动物在获得医疗投入、掌控治疗方案、建立医患关系方面存在的巨大差异，由此唤起读者对人与动物身份关系的伦理学思考。

兽医学的临床诊疗通常遵循发现病症、深入检查、选择治疗方法、规避风险和实施合理治疗的过程。大多数情况下，最先发现动物健康出现异常的是动物饲养人，随后在就医过程中需要兽医调动所有感官辨查病情，通过问诊、听诊、视诊，结合显微镜、影像设备等医疗仪器，尽可能准确地找出动物身上的病症所在。兽医的治疗方式多种多样，要权衡疗效与治疗的风险，谨慎评估，科学制定治疗方案。

预防胜于治疗的医学理念也同样适用于兽医学。疾病传染、恶劣环境、不当饮食、疾病连锁反应、基因缺陷等都可能成为动物患病的潜在原因。兽医学家应当参与到动物的优良选种工作中，通过临床检查甄别动物身上携带的传染病或者遗传性疾病基因，综合考虑经济、知识产权等因素改良动物基因。适当提高动物生活环境的卫生条件、为动物接种疫苗、病初即治也是预防重大疾病的常见方法。在兽医职责之外，动物主人对动物的妥善照料起着至关重要的作用，良好的饮食、健康的生活环境、恰当的陪伴和关爱都是从根本上预防疾病的关键，这需要整个社会、文化对动物健康权益问题的重视。

不同物种之间能够相互传染寄生虫、微生物，出现人畜共患病的情况也不足为奇。为避免疾病跨物种传播，常见的方法包括扑杀动物、隔离感染动物、食物链分离等。全面协作以保障公共卫生已成为包括兽医学在内的当代各学科研究的焦点课题，耐药性和超级细菌的出现也向人类医疗和兽医学发起新的挑战。为促进人类医疗水平提升，动物成为实验室里药品测试、基因探索、治疗尝试、数据搜集的重要工具，动物福利问题也应当得到相应的关注。人与动物之间的相互依存关系，以及人与动物健康之间的依赖关系是本书着重强调的伦理学关切，因为人与其他动物及我们所处的环境三者之间相互牵绊，共同构成“同一健康”范畴。

在全球化进程日益加快的今天，动物和动物产品同微生物、传染病一样在世界各国传播、流动。兽医学面临的一个新问题是处理城市扩张、污染等人类活动对生存环境的破坏给动物健康及生存带来的不良影响，并为野生动物、濒危动物保护建言献策。在农牧业和动物养殖领域，兽医学发挥的作用也不容小觑。总之，兽医学已不仅仅局限于治疗动物疾病，更是一门与经济发展、气候变化、环境保护、可持续发展息息相关的学科。兽医学在当代应当受到重视，兽医学研究应当获得更多的支持，兽医专业人士应当发挥专业优势，团结更多的学科、行业，共同肩负起维护人类与动物健康、保护全球生态环境的历史责任。

2022年2月至3月，第五届联合国环境大会续会（UNEA 5.2）通过了“动物福利—环境—可持续发展关系的决议”，世界动物联盟发布的2023年最新报告也以“动物福利、环境和可持续发展的相互依存关系”为聚焦点，耶茨博士作为世界动物联盟首席执行官参加了中国生物多样性保护与绿色发展基金会举办的2023国际生物多样性会议，并就该报告发表主题演讲。我们衷心期待能够通过译介耶茨博士的这本通识读物，为广大读者开启了解兽医学的新视角，唤起人们对动物、环境与人类自身和谐共存关系的关注。

中国工程院院士

2024年6月

前言

如果你想了解兽医学，那么这本书正适合你。无论你是动物保护主义者，还是人类健康关注者，或是环境保护主义者，都需要了解人类与其他动物在健康与福利问题上的密切关联。兽医学研究的正是人、动物及环境之间的相互作用。

受邀撰写本书，我的内心激动不已。*Very Short Introductions* 丛书使我在本专业领域和其他众多领域获益良多，同样，希望本书也能够帮助读者在兽医学领域有所洞见。本书向读者介绍兽医学的学科宗旨、基本原理、学界尚无定论的问题、面临的挑战和未来走向，重点关注全球范围内兽医学科各方面的热门话题和当下的“重大问题”。

人类的时光沙漏由过去流向未来，兽医学也是其中的一粒沙。数千年来，兽医学的持续发展锻造了人类帮助各种动物的能力。在可预见的未来，全球将迎来飞速变革，我们更加需要依赖兽医学来应对挑战、拥抱机遇。兽医学将有机会在世界舞台上发挥关键效用，实现促进经济发展、维护公共卫生、维系社会稳定、保护环境宜居的宏伟目标。

未来我们需要加强与传统领域的相互合作，缓解因学科专业化分工而紧张的关系。传统领域中有许多研究人员，他们此前可能并没有意识到自己对兽医学有何贡献，但他们的工作的确为兽医学带来了诸多裨益，因此我会尽量将所有涉及动物身体、心理健康的内容都收录在这本书中。只有各个学科彼此充分了解，我们才能一起行动起来，切实地帮助、保护动物，并通过这种方式造福人类。衷心希望本书能够像其他带给我启示的 *Very Short Introductions* 丛书一样，为读者朋友激发些许灵感。

感谢对书稿提出建议的各界人士，特别向希瑟·培根（Heather Bacon）、约翰·布莱克威尔（John Blackwell）、大卫·伯奇（David Burch）、安德鲁·巴特华斯（Andrew Butterworth）、大卫·卡特罗（David Catlow）、西蒙·多尔蒂（Simon Doherty）、安德鲁·加德纳（Andrew Gardiner）、彼得·吉曼（Peter Jinman）、罗伯特·约翰逊

（Robert Johnson）、保罗·马特利（Paolo Martelli）、弗兰克·麦克米兰（Frank McMillan）、卡拉·莫伦托（Carla Molento）、亚历克斯·辛格尔顿（Alex Singleton）、肖恩·温斯利（Sean Wensley）、阿比盖尔·伍兹（Abigail Woods）、朱莉娅·雷索尔（Julia Wrathall），以及外部审稿专家和编辑们致以诚挚的谢意。

目　录

第一章　万物生灵　001

第二章　人与动物　047

第三章　治病疗伤　081

第四章　精益求精　103

第五章　跨物种疾病　135

第六章　全球兽医学　169

后　记　193

名词表　196

“走进大学”丛书书目　207

第一章
万物生灵

01

古老的行业

了解患者的既往病史有助于治疗，了解兽医学的历史——它的“遗传谱系”和既往研究——则有助于厘清我们未来要做的工作。史实本身纷繁复杂，本章节选的史料有助于突出一些重要的节点，特别是兽医学如何与其他科学领域携手并进，共同发展，以及随着社会变迁，我们对待动物的方式有何改变。

对动物健康和福利的关注，可能要追溯到人类有记载的历史之前。几乎可以肯定，史前时代的牧羊人和农民就已经会给家畜和犬类治疗一些常见的伤病。人和动物身上还可能携带相同的微生物，例如能导致结核病的分歧杆菌，以及对身体有益的肠道菌群。根据最早的历史记载，已知最古老的兽医学家叫乌鲁加迪娜（Urlugaledinna，图 1），他是大约公元前 3000 年生活在美索不达米亚地区的“动物治疗专家”。大约在公元前 1930 年，美索不达米亚城邦埃什南纳的法令规定，如果有人被狗咬伤致死，那么狗的主人将被处以罚金。一个多世纪之后，大约公元前 1754 年，著名的古巴比伦《汉穆拉比法典》中记载了对兽医和人类医生的工作指导，包括如何收取医疗费用。

图 1　刻有乌鲁加迪娜人像的滚印印痕

古埃及人用草药为动物进行治疗，在埃及卡洪城发现的莎草纸残片上（约公元前 1825 年）记载着兽医学（尤其是生殖科学）的方方面面。再往东看，吠陀时代（约公元前 14 世纪至公元前 6 世纪）的印度有一位著名医师沙利和塔

（Salihotra），他曾详细列举了为马匹和大象治疗及预防各类疾病的方法。除此之外，他还详细描绘了各式各样的马，例如，有“海螺壳毛色”的马、“散发着酥油味道”的马等。在科学方面，意义更为重大的是他强调了医疗条件对治疗牙齿疾病、消瘦等问题的重要性。在古代印度，马匹和大象在货运和战争中都是不可或缺的，因此在吠陀时代，保护这两种动物的健康是一项至关重要的工作。

在中国古代，传说中兽医学的始祖是伏羲大帝，后来神农氏将它发扬光大，他尝百草、著药书，记录了我们如今称为结核病的病症。除了传说之外，有证据表明，在西周时期（公元前 1046 至公元前 771 年），中国已在行政体制中设立兽医部门。大约在公元前 400 年，中国首次出现了组织结构完备的兽医职业记载。当时，有志从事兽医工作的人必须参加入门考试，考试内容着重强调兽医学在保护公众健康方面的重要性。

德谟克利特（Democritus）和亚里士多德（Aristotle）等古希腊科学家、哲学家通过对动物进行尸检和活体解剖，推进了动物身体结构方面的研究。他们还注意到，“疯狗”

能通过咬伤其他动物来传播狂犬病。与此同时，希波克拉底（Hippocrates）创立了他的体液学说，这一理论在接下来的2000年里主导了包括兽医学在内的医学的发展。亚里士多德的得意门生和衣钵传承者泰奥弗拉斯托斯（Theophrastus）著述宏富，他的著作涵盖植物学（如《植物志》）、人体生理学（如《论出汗、疲劳及头晕》），他还创作了大量动物研究相关文献（如《论鱼》）。特别值得一提的是，泰奥弗拉斯托斯通过研究动物的生存环境、行为活动和心理状态，对亚里士多德关于动物身体的研究做出补充，他着重强调人类与其他物种之间诸多的相似性，并据此得出结论：人与动物都不应当受到虐待。

狂犬病

狂犬病病毒可以在所有哺乳动物（尤其是蝙蝠、狗和其他食肉动物）和鸟类中传播。动物被咬伤后，病毒随唾液经由神经缓慢入侵大脑，最终（有时是数月之后）会导致动物神经紧张、狂躁无畏、攻击性强、叫声嘶哑、共济失调、肢体瘫痪。如果不能及时治疗，肯定会因此丧命。狂犬病的预防措施包括及时隔离、提醒人们谨防被狗咬伤、切勿将野生动物作为宠物饲养、接种狂犬疫苗以及避免惨无人道地扑杀动物等。

回到公元前250年左右的印度，阿育王将法令镌刻在柱子和岩石上，规定要保护鹦鹉、蝙蝠、水龟、鱼、松鼠、鹿、公牛、野生和家养的鸽子等各类动物。他下令禁止阉割公鸡、禁止投喂活体动物。阿育王法敕规定，国王应为所有的人和动物提供医疗服务。此外，阿育王下令引进并种植那些能够治疗人类和动物疾病的草药及根茎类药材。他还设立了大批的动物医院，但这些医院最终遭到了入侵者们的严重破坏。

古罗马的兽医行业(拉丁语为veterinae)也同样卓越不凡，特别以照料牛的健康而见长。瓦罗(Varro)曾为后世留下著述，讨论农业以及疟疾等沼泽地区常见的疾病。据他记载，古罗马政府时期还会任命一些督察员，负责检查商贩在市场上销售的肉制品是否健康。卡达努斯（Cardanus）将患有狂犬病的狗的唾液称为毒药（拉丁语为virus）。公元3世纪时期，维吉提乌斯（Vegetius）建议烧灼被狗咬伤的患处，用这种方法来预防狂犬病，同时还可以外敷犬蔷薇的根，将患者置于黑暗处，避免他们看到水，把咬伤他们的狗的肝脏煮熟让患者服用（图2）。古罗马医学家盖伦（Galen）善于从农场动物解剖实践中总结医学规律，这些规律成为后世医学发展的奠基石。活体解剖在古罗马时代也十分流行，但并不能称其为科学研究，而是同角斗士格斗、野兽搏斗的性质相类似。如图2所示，庞贝古城遗址的古罗马马赛克画上写有“当心恶犬”的拉丁文。

图2　当心恶犬[①]：庞贝古城遗址的古罗马马赛克画

冲破黑暗

罗马帝国分裂后，在拜占庭帝国时期，兽医学的发展非常有限。陪同君士坦丁大帝（约公元280—337年）东征西战的阿普叙陀斯（Apsyrtus）曾开创性地建议隔离患者并采取用夹板固定骨折部位以及缝合伤口等治疗方法，竭力把兽医学发展得更具科学性。阿普叙陀斯还用文字记述了马匹的兽医

① 原文为拉丁文：Cave canem。——译者注

护理方法，与早期著述中那些荒诞不经、纸上谈兵的医疗理论不同，他的方法极具实用性，在君士坦丁大帝领导的战斗中发挥了重要作用。

然而，兽医学的这些进步可谓杯水车薪，根本无法抵挡公元 541 年席卷拜占庭帝国的鼠疫。这一次，查士丁尼皇帝虽从死神手中幸运逃脱，但是瘟疫却导致大量人口死亡，动物的数量也大幅锐减，从而对自然生态系统造成巨大破坏。兽医学与其他科学一样，在这段黑暗时期日渐式微，许多流传下来的知识都是由波斯、阿拉伯作者记载的。这些作者借鉴了印度、罗马和拜占庭帝国的相关文献，始终关注如何让马匹保持健康，使它们更好地服务于交通运输和战争。

鼠　疫

通过跳蚤叮咬，鼠疫杆菌可以在啮齿动物和人类等许多物种之间传播。感染这种致病菌可导致咳嗽、淋巴结肿大或多器官感染。患者如果没有及时得到治疗，往往会因此而丧命，偏远地区经常发生这种情况。如今，在马达加斯加、刚果民主共和国和秘鲁，这种疾病仍然时有发生。预防措施包括提前做好相关准备，以应对气候变化、生物战争或耐药性引起的疾病大暴发。

公元 5 世纪，匈奴军队抵达欧洲，许多动物疾病也纷至沓来。盎格鲁 - 撒克逊人的医书[①]中记述了一些动物疾病的新疗法，该书可能成书于 9 世纪阿尔弗雷德大帝统治时期。大约在 11 世纪，许多动物疾病随着十字军东征持续蔓延，一场突如其来的牛瘟意外暴发。在接下来的几个世纪里，牛瘟给数不清的牛群和牧民带来无尽的痛苦。现在看来，这是一种类似麻疹的病毒性疾病，可能是从一种现在早已灭绝的古老病毒进化而来。不过依照当时的情况，似乎没有理由造成如此大规模的破坏。

后来，到了 14 世纪，鼠疫再次席卷欧亚大陆，造成灾难性的严重后果。这次，人们称之为“黑死病”。这种疾病不断向西传播，加上恶劣的天气，影响尤为严重。此次疫情的波及范围之广、染病人数之多，在伊本 · 阿尔 - 瓦尔德尼（Ibn Al-Wardni）、阿尔马克里兹（Almaqrizi）等阿拉伯作家，以及薄伽丘（Boccaccio）等欧洲小说家的作品中都有文字记载。与此同时，患上狂犬病的疯狗不仅会对公众和其他动物的健康构成严重威胁，更是成为中世纪道德和政治作品的一个共

① 又称《伯德医书》，以盎格鲁 – 撒克逊语写成，大约创作于公元 9 世纪。——译者注

同主题——作家们观察到，有时疯狗会重新吃掉自己的呕吐物，他们将此作为隐喻的喻体，大量添加在作品当中。

1492 年，收复失地运动结束后，信奉天主教的西班牙新君主为许多当时被称为“阿拜特拉斯”（albeiteras）的马医提供资助，并创建了欧洲第一批真正意义上的兽医学校。遗憾的是，这些学校并没有维持太久。在整个欧洲，盖伦和维吉提乌斯等罗马和希腊先贤的兽医学著作仍然广为流传，并且不断被翻印再版。除此之外，同时代的作家们也纷纷开始在兽医学领域著书立说。在英格兰，托马斯·布伦德威尔（Thomas Blundeville）于 1565 年撰写《马匹管理的四大要职》一书，他期望该书能够在养马方面，帮助英格兰的绅士们“超越法国和其他所有国家”。在意大利，卡洛·瑞尼（Carlo Ruini）于 1598 年出版了《马的解剖学、疾病及救治》一书，将马的解剖结构细分为“感情部分”“精神部分”“营养部分”“生殖部分”“骨骼部分”。同一时期，欧洲殖民者将天花等疾病传播到了南美洲。

罗马天主教会虽然明令禁止人体解剖，但是并不像人们所宣称的那样反对科学进步。相反，在萨勒诺（Salerno）、帕多瓦（Padua）这样的医学院里，人们用猪来做活体实验，讲授猪和人体解剖学。这些动物通常是在活着的状态下被解剖的，而且没有使用麻醉剂。据当时一份非常著名的研究报告记载，帕多瓦医学院的一名学生从一只被活体解剖的母狗子宫里剖出了一只小狗。当他伤害这只小狗时，母狗便对他狂吠不止，当他把小狗放回到母狗嘴边时，母狗便深情地舔舐自己的孩子。现场围观的人都被这只“畜生”在这次实验中表现出的母爱深深打动。比较医学是医学和兽医学的核心内容，在医学教学中使用动物做实验，有助于确立比较医学的重要性。不过后来，出于伦理层面的原因，类似的研究并不被人们所接受。

兽医伊始

和许多其他科学研究一样，兽医学在 17 世纪的科学革命和 18 世纪的启蒙运动期间发展成型，逐渐向现代兽医学领域靠拢。欧洲科学家通过动物尸体解剖和动物活体解剖来获取生理学知识。因为狗的性格比其他动物更为顺从，科学家通常用狗来做活体解剖。但事实上他们解剖的生物种类非常广泛，其中甚至包括人类罪犯和精神病患者。罗伯特·玻意耳（Robert Boyle）和约翰·胡克（John Hooke）等一些知名科学家，曾经在伦敦用真空装置为英国皇家学会的成员做展示，实验显示在没有氧气的情况下，许多种类的动物都会死亡。

约翰·亨特（John Hunter）等一些外科医生的研究表明，不同动物物种之间具有诸多相似性。但是在这些启蒙时期的科学家中，有些人提出的主张与人们看到的表象恰恰相反，他们认为动物是感觉不到疼痛的。这一观点显然有利于他们反驳各种质疑，为自己的动物实验做辩护。以研究血压而闻名于世的科学家斯蒂芬·黑尔斯（Stephen Hales）就曾经以此为借口回应他的朋友——诗人亚历山大·蒲柏（Alexander Pope）提出的质疑："我们只是比狗之类的动物高等了一丁点而已，我们怎么知道我们有权利随意杀死它们？"包括博物学家约翰·雷（John Ray）在内的许多科学家都认同动物的确是能感觉到疼痛的。在此期间，基督教会开始重申，虐待动物是一种错误的行为。最终，废奴主义者威廉·威伯福斯（William Wilberforce）所在的基督教团体于1824年创立了英国皇家防止虐待动物协会（RSPCA）。

让我们将视线转回农场，那里仍然有许多动物患病，亟须治疗。绵羊患上一种新的神经系统疾病，许多羊在篱笆和灌木丛中来回蹭痒，既刮伤了羊皮也蹭坏了珍贵的羊毛，这种病也因此得名“羊瘙痒病”。具有讽刺意味的是，牧民们为了获得品质更好的羊毛，不断对某些血统的羊进行近亲繁殖，导致羊瘙痒病变得愈加普遍。此外，随着彼得大帝率领的军队四处征战，牛瘟继续大肆传播，导致大批的牛群死亡。同时，一种与牛瘟密切相关的病毒在欧洲的狗群中间散播开来。英国人主张这种病毒来自法国，法国人却反驳说病毒来自英国，最新的一种研究理论还认为该病毒来自南美洲，而南美洲天花之类的病毒则来自欧洲。这种病会导致狗脚上的肉垫增厚（因此得名“硬脚垫症”）、咳嗽（因此又称“犬流感”），还会导致狗的皮肤脓肿发白、脱皮掉屑和神经系统疾病（因此又称“犬瘟热”）。大概每三只病犬中就会有一只死亡，余下的也很有可能被认定是狂犬病犬，遭到人类扑杀。

当时并没有治愈羊瘙痒病、牛瘟和犬瘟热的妙法良方。有些人开办了犬瘟热动物疗养院，试图开展相关治疗，但是对那些重症动物患者，尽管亚洲地区的治疗经验表明，如果放在现在，良好的支持性治疗完全可以让大多数患病动物康复。不过，虽然当时无法治愈这些疾病，但是可以阻断它们继续传播。1711 年，教皇克莱芒十一世（Pope Clement Ⅺ）责成医生乔凡尼·兰奇西（Giovanni Lancisi）研究牛瘟的救治方案，这位医生是发现蚊子能传播疟疾的第一人。兰奇西提出了设置隔离疫区、运输前检查健康证明和宰杀患病动物等方法来阻止疫病扩散。他还提议将动物保健发展成医学领域的一个专业的门类。与此同时，英国的托马斯·贝茨（Thomas Bates）也研发出了其他控制牛瘟的方法，这些方法也非常有效，但是并没有得到广泛应用。

同样是在英国，外科医生兼蹄铁匠威廉·吉布森（William Gibson）开始向人们传授人道的、科学的动物治疗方法。不过，世界上第一所现代兽医学校却是在法国建立的。彼时的法国正饱受牛瘟的肆虐和战马损失之苦，绝望的法国政府不得不向贵族富豪克洛德·布尔热拉（Claude Bourgelat）求助。布尔热拉是里昂马术学院的院长，这所学院教授年轻人骑马、击剑、音乐和礼仪。布尔热拉受命开办一所学校，“教授所有家畜疾病的相关知识和治疗方法”。1762 年，布尔热拉在一个废弃的小酒馆里创办了这所学校，当时只有 6 名学生，入学的条件一是要识字，二是受过洗礼。第二所学校很快在巴黎设立，学校的学生在普法战争期间还保卫了当地小镇。同样在 18 世纪，还有另外 19 所兽医学校先后在欧洲落成，其中就包括伦敦兽医学院——与之形成鲜明对比的是，这一时期只新建了 6 所救治人类患者的医疗机构。

在 18 世纪，我们对微生物的认知得到了长足发展，人们清楚地了解疾病是如何传播的，以及人类的身体如何与这些微生物抗衡。尤其值得一提的是，科学家们帮助病人极大地提高了对某些致病菌的免疫力。几位欧洲科学家研究发现，感染过牛痘（拉丁语为 Vaccinia）的病人可以在一定程度上抵御天花。这一观察结果最终促使人类研发出一种有效对抗天花的疫苗，英国科学家爱德华 · 詹纳（Edward Jenner）把挤奶女工从一头奶牛身上感染的牛痘病毒成功地接种给了一名八岁的男孩。当时的科学家做出了艰苦卓绝的努力，他们推翻了体液学说、瘴气学说等陈旧的医学理念，并且否定了疾病可以无中生有、自发产生这一说法。

美好时代?

19 世纪初，德国科学家格奥尔格·戈特弗里德·青克（Georg

Gottfried Zinke）证明了狂犬病可以通过患病疯狗的唾液传播。整个 19 世纪，包括让 - 约瑟夫 - 亨利 · 杜桑（Jean-Joseph-Henri Toussaint）、路易斯 · 巴斯德（Louis Pasteur）和罗伯特 · 科赫（Robert Koch）在内的众多科学家深入探索，普及了疾病由微小“细菌”传播的观点，研制了多种针对炭疽和狂犬病的疫苗。路易斯 · 巴斯德和他的同事们首先让兔子感染致病菌，然后杀死兔子，并从它们身上抽取受感染的脊髓，进行干燥处理以消灭或削弱病毒活性，从而研制出狂犬疫苗。他们先将制好的疫苗在狗身上进行测试，之后将疫苗成功接种给一名被狂犬病犬咬伤的小男孩。巴斯德最著名的成就之一是发明了能够杀灭饮品中大部分细菌的方法——巴氏杀菌法。如今人们仍然使用这种方法，去除牛奶中的致病菌和热敏微生物。

19 世纪中期，兽医医疗技术取得许多新的进展，并得到了广泛的推广和应用。这一时期，正式的医学专业开始在英国萌芽。1844 年，英国皇家兽医外科学院（Royal College of Veterinary Surgeons）成立，不久之后，英国医学总会也在 1858 年成立。同样是在这几十年间，人们对医学的认识也取得了空前的进步。鲁道夫 · 魏尔肖（Rudolf Virchow）用强有力的证据彻底推翻了古老的体液学说。他对旋毛虫的生命周期进行了详尽的描述，并改进了尸检和肉制品检验的科学方法。在马嘴闭合状态下，向马胃中注射流质食物或药物的方法如图 3 所示。

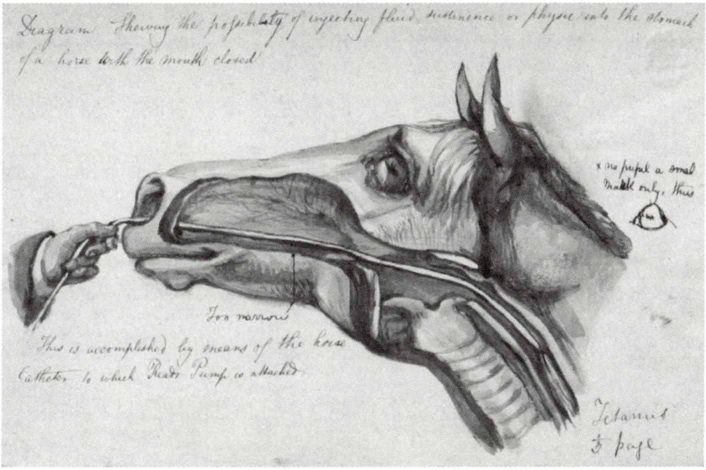

图 3　在马嘴闭合状态下，向马胃中注射流质食物或药物

作者爱德华·梅休（Edward Mayhew，1808—1868）

政府加强了对屠宰场的集中管理，以便更好地检查卫生条件、监管肉制品质量。与此同时，查尔斯·达尔文（Charles Darwin）和修道士格雷戈尔·孟德尔（Gregor Mendel）两人分别取得了重要的科学发现，他们详尽描述了动物如何从上一代那里遗传某些特征，并将其传递给后代，以及这些特征在动物代际之间传递时可能发生的一些变化。尽管颇有争议，

但是这项工作还是为人类和其他动物之间的基因关联提供了补充证据。

19世纪后期，人们通过动物育种培育出各式各样的动物，数量最多的是犬类，还有很多小鼠、大鼠、鸟和猫。动物育种科学得以发展，一是因为人们喜爱新奇的事物，乐于见到动物秀的成功；二是为了满足人们拥有“纯种”动物的虚荣心；三是源自人们对各类动物疾病的担忧，比如大街上的一些杂种狗身上所携带的犬瘟——其实纯种狗也无法对这类感染免疫，这一点在现代幼犬养殖场表现得尤为明显。更糟糕是，这样的人工育种通过近亲繁育的手段，满足人们对动物特定体型和面部外观的要求，引发了许多与繁育和动物品种相关的疾病。过去，人们繁殖和饲养动物时，要让它们具备健康的体格，才能更好地发挥它们的作用——比如狗一旦生病就既不能斗牛也不能承担牧羊的工作。不过，动物如果只是被人类当作宠物或用于表演、展示，即使健康状况不佳也能存活。

19世纪末，《兽医记录》杂志创刊，其上刊发的第一篇社论曾这样告知读者：“我们已经养成了习惯，毕恭毕敬地追随我们的姊妹行业（医学）太久了。”这篇社论刊发前不久，

1881年英国政府刚刚出台了《兽医法案》，其中规定只有通过皇家兽医外科学院专门考试的人才能被授予“兽医”头衔。同年，伊万·巴甫洛夫（Ivan Pavlov）和伊万·托罗奇诺夫（Ivan Tolochinov）在俄罗斯开展实验研究，他们用食物对狗进行刺激，观察狗的反应。这些实验成功地补充了此前达尔文等科学家所做的单纯基于观察的研究，有助于我们理解动物是如何对事物做出积极反应，以及如何适应周围环境的。也是在这一时期，为了减少刺激应答，麻醉剂（发明于19世纪40年代）被更加普遍地应用在动物身上，使它们在手术和活体解剖过程中处于无意识状态。

当19世纪渐近尾声时，仍有许多灾疫威胁着动物的健康。欧洲殖民军队把牛瘟意外带到了非洲，由于对欧洲微生物的免疫力极为有限，当地数以亿计的野生动物和家畜死亡。这场劫难适逢旱灾，造成了严重的饥荒，致使肯尼亚和坦桑尼亚多达75%的马赛人死亡，给南非巴索托人的部落等人类社区也带来毁灭性的打击。1889—1896年，东非土地上殖民扩张不断，牛瘟肆虐，自然灾害频发。当地的采采蝇失去了食物来源，便以人类的血液为食，四处传播锥虫病。19世纪中期至20世纪初，又一波黑死病侵袭整个印度，并沿太平洋蔓延至澳大利亚和夏威夷。在美国，猪霍乱（后来被称为猪瘟）感染了成千上万的生猪，农民们因此损失惨重。兽医学家丹尼尔·沙门（Daniel Salmon）博士发现，有些患猪瘟的猪同时还感染上了另一种细菌，这种细菌后来被称为沙门菌。1877年，人们发现一种新的鸟类疾病，当时将其命名为“鸡瘟”，后来这种病被称为“禽流感”或“鸟流感”。

锥虫病

不同的锥虫寄生虫可导致众多物种受到感染，包括奶牛、绵羊、山羊、狗和人类。它们主要通过采采蝇和其他叮咬人的蝇类进行传播。感染后患者的免疫应答可引起各种症状，如果不及时治疗，很可能会因此而丧命。有几种药物可以治愈或预防这种疾病，但是由于这种寄生虫存在诸多亚种，疫苗研制工作非常困难。预防的关键在于控制采采蝇的数量，例如可以采用投放“绝育”蝇类的方法控制其繁殖。

流　感

流感病毒的类型有很多，能感染包括猪、马、鸭和白鼬在内的许多物种。许多类型的流感病毒在宿主体内几乎不会造成任何影响，而其他类型的病毒则会引起一系列呼吸道问题或其他症状。病毒偶尔也会跨物种传播，有时候还会改变它们的基因和表面分子。流感的预防措施包括接种已知毒株的疫苗、改善卫生条件、进行人道养殖、关闭活禽市场以及在疫情严重暴发时宰杀那些已经感染的动物等。

现代战场

20 世纪初，人类社会和经济大多依赖马、驴和骡子来充当农业耕种和交通运输的工具——非洲、亚洲和拉丁美洲的一些地区今天依然如此。这种工作常常给动物带来各种身体伤害和健康问题，不仅使它们遭受痛苦，也会降低它们的经济价值。第一次世界大战期间，数百万匹马被征召入伍，用于骑兵、炮兵作战或运送军事物资。这些马和前线的士兵一样，忍受着伤痛、饥饿、溺水、疾病和疲劳的折磨。因此，保证马匹能继续服役成了兽医工作的核心要务，尤其是在西部战线，曾有 200 多万匹军马在成功接受治疗之后重返战场

(图 4)。许多军队甚至创建了自己的专职陆军兽医队，至今仍然在发挥着作用。

图 4 《动物世界》杂志的封面：第一次世界大战期间，前线战马正在接受治疗

对于兽医学家和相关从业人员来说，农场动物的健康仍然是一个重要的优先事项，仅次于上战场的战马。兽医们花费大量的时间逐个照顾农场的奶牛、绵羊、马和猪。英国著名兽医阿尔夫·怀特（Alf Wight）以其笔名吉米·哈利（James Herriot）著称，根据他的作品改编的电影和电视剧《万物生灵》广受好评，观众能够从中体会到日常照顾动物的不易。兽医学不仅是促进人类农业发展的关键，也是保证农畜产品食用安全的关键。第二次世界大战期间，各国从农场征用了大量犁地的马和农民，结果造成粮食严重短缺，导致战后许多国家只能依靠有限的马匹和人力来提高粮食产量。

在战后的和平时期里，农场主开始提高土地生产力，他们使用拖拉机、化学性质类似炸药的氮肥等战争副产品来提高农业产量。农业技术的进步使玉米和大豆丰收，喂养牲畜的农作物大幅增产。农场主（或更准确地说是养殖公司）培育的动物不仅生长速度更快，产蛋、产奶和产崽数量也更多。他们重新设计农场，添置更多的机器，同时减少饲养员的数量。他们把更多动物安置在更小的空间里，比如把母鸡放在堆叠的鸡笼里，或把母猪集中在猪圈里。这些限制动物活动范围、把动物相互隔离的方式，能够防止它们消耗过多热量而影响生长速度。

经过各方努力，动物为人类产出食物的数量得到显著提升。第二次世界大战以来，奶牛的日产奶量大幅提升——可以说这是以牺牲奶牛健康为代价的，考虑到奶牛的寿命通常会受到影响，它们整个生命周期内的产奶总量并不一定增长。这一时期，肉鸡的生长速度大大加快，出栏时间以每年提前一天的速度加快——现在这些肉鸡不到两个月就能达到宰杀的标准。生产力提高的进程仍在继续：20 世纪最后的十年间，许多国家的家禽、猪和鱼类数量都出现大幅增长。21 世纪初，水产养殖的渔业产量首次超过了野生捕捞数量，大西洋三文鱼的产量约有 55% 来自人工养殖而非野生捕捞。

这些变化对动物健康产生的影响可谓好坏参半。将动物饲养在狭小的笼子或畜栏里，农场主便可以更加精准地控制它们的生长环境。把动物养在室内，则可以减少它们接触室外寄生虫的机会。将动物安置在铁丝网或板条漏粪板上，它们的粪便就可以直接落入预留的坑道内，从而减少吸水性垫料的使用，防止微生物滋生。将动物拴起来或关在笼子里，还可以降低它们受伤的风险。然而，这些养殖方法也增加了动物感染传染病或出现心理健康问题的风险。因此，兽医学家们不断寻找两全其美的方法，既让动物能够生活在上述类似环境中，同时又能预防上述问题的发生。一些兽医学家研发了针对某些常见微生物（尤其是病毒）的疫苗。比如鸡新城疫，这是一种与牛瘟相关的鸟类病毒，可导致鸟类——尤其是鸡和鸽子——的呼吸系统和神经系统出现问题，这种病毒偶尔也会传染给人类。还有一些兽医学家发现，使用抗生素不仅可以预防某些疾病，还可以加速动物生长。

在 20 世纪，人类已经能够消灭某些特定疾病，例如采用疫苗接种的方法根除天花。世界动物卫生组织[①]成立之初，便针对牛瘟等家畜传染病问题制定了国际贸易规则，之后与联合国粮食及农业组织、非洲动物疫病局协同合作，开展全球行动共同消灭牛瘟。在肯尼亚，兽医学家沃尔特·普莱怀特（Walter Plowright）基于人类的脊髓灰质炎疫苗技术，研发出一种价格低廉的牛瘟疫苗。2001 年，肯尼亚出现最后一例牛瘟病例，通过多方努力，人类终于在全世界范围内根除

① 原文为法语，The Office International des Epizooties（OIE），即国际兽疫局。是1924年成立的政府间国际组织，总部位于法国巴黎，2003年更名为世界动物卫生组织。——译者注

了牛瘟。许多国家都在本国范围内成功消灭了某些疾病，如狂犬病、猪瘟和口蹄疫，尽管这些疾病有可能仍然困扰着其他国家或地区。在一些官方宣称已经消灭某种病疫的国家，偶尔也还是会有疫情反扑，如2001年在英国大规模暴发的口蹄疫。

人与动物的互动共生会增加人类自身的健康风险，这一点也越来越受人关注。1945年，美国兽医学家詹姆斯·斯蒂尔（James Steele）在华盛顿开办了一家兽医机构，后来该机构迁至亚特兰大，成为美国疾病控制与预防中心的前身。整个20世纪，公众一直担心给动物喂食某些化学药品（如类固醇）会导致动物肉质受到污染；担心有些污染物（如二噁英）会持续存在于环境中，最终被动物和人类吸收，造成危害。欧洲曾经暴发过一种致命的牛疫病，使农户和奶牛饱受折磨。这种病与羊瘙痒病和人类克-雅病有关，被称为牛海绵状脑病或“疯牛病”。之所以这样命名，是因为该病会导致奶牛神经紧张、战栗、共济失调、抵触挤奶，甚至具有攻击性。在英国，仅1992年就有4万多头奶牛因患疯牛病被扑杀，许多农场主的生计难以维系，英国的乳制品和肉牛产业也遭受重创。

领域拓展

20世纪，除了用于农业和运输的动物之外，兽医学也更多地关注到其他动物。1908年，法国科学家查尔斯·朱尔斯·亨利·尼科尔（Charles Jules Henry Nicolle）和查尔斯·科姆特（Charles Comte）发现利什曼原虫这种寄生虫可以感染犬类。两次世界大战期间，在养狗人士的资助下，科研工作者对犬流感和人流感开展专项研究，研制出专门预防犬瘟热的疫苗。在20世纪的大部分时间里，兽医对宠物的护理工作仍忽视了大型动物。1938年的一份英国报道这样总结道："花费大笔公共资金培训妇女照顾猫狗，这简直太不合理了！"不过，在世界大战结束之后，越来越多的宠物主人纷纷求助于兽医，希望他们救助自己心爱的宠物。就连著名兽医吉米·哈利也不得不给"吴淘气"[①]这样的小宠物做治疗。这是一只喂养过度的哈巴狗，哈利得像对待人类儿童一样耐心地跟它讲话。随着时代不断发展，为伴侣动物[②]提供服务的兽医工作在许多

① 小说《万物生灵》中的一只宠物狗。——译者注

② 伴侣动物是指和人共同生活，为人类提供陪伴、情感交流、心理安慰、快乐和友谊的宠物。——译者注

国家都成为兽医行业最大的研究领域。

利什曼原虫病

该病由利什曼原虫通过白蛉传播，多发于狗与人之间。这种病在南欧、非洲、亚洲、南美洲和中美洲都很常见，通常会导致皮肤病变、眼部疾病和器官衰竭。针对利什曼原虫病有多种治疗方法，患者即使在接受治疗之后，体内仍然有可能携带这种原虫。

相对而言，完善的兽医护理能够大大减少宠物繁育过程中出现的动物健康问题。兽医学研究表明，几乎所有常见犬种都有可能长成不健康的体型或患上遗传性疾病。喜忧参半的是，治疗这些疾病反倒有助于推动兽医学进步，帮助兽医学家深入了解这些疾病及其遗传原因。出于对犬类繁殖问题的担忧，兽医学家和负责任的养殖户开始不断尝试，在动物繁殖过程中实施干预措施，降低动物的健康风险。在两次世界大战期间以及战后数年时间里，为减少动物的遗传基因问题，各国先后出台了一些医疗方案，花大力气为养殖户、动物秀评委和打算养宠物的人们普及知识，提醒他们尽量避免此类问题。不过令人失望的是，这些措施收效甚微。

进入 20 世纪，科学家们在实验室和自然环境双重条件下开展研究，人们对动物生物学的认知取得了重大进展。汉斯·赛利（Hans Selye）发现，当动物面对不同的健康威胁时，它们通常会做出反应。这种反应在物种间广泛存在并且相当一致，包括爬行动物和鱼类，他将这种反应统称为“压力”。沃尔特·布拉德福德·坎农（Walter Bradford Cannon）于 1929 年在其著作《疼痛、饥饿、恐惧和愤怒时的身体变化：情绪刺激功能的最新研究报告》中，描述了当身体正常功能因受到外界刺激而出现偏差时，动物们如何通过自我调节纠正偏差，维持相对稳定的平衡状态，书中还向人们介绍了动物如何做出战斗或逃跑反应[①]来应对威胁。坎农的研究灵感显然是源自他对动物生活感受的观察，尽管他经常使用行为学的术语来表述研究结果。

在科学家伊万·巴甫洛夫等人的前期工作基础之上，J.B. 华生（J.B.Watson）和 B.F. 斯金纳（B.F.Skinner）等比较心理学家研究了大鼠和儿童如何做出一些行为来与周围环境进行互

① 战斗或逃跑反应（Fight-or-flight response），心理学、生理学名词，指经过一系列的神经和腺体反应，机体被引发应激反应，使躯体做好防御、挣扎或者逃跑的准备。——译者注

动，研究过程中会尽量忽略研究对象的主观感受和体验。后来，康拉德·洛伦兹（Konrad Lorenz）、尼古拉斯·廷伯根（Nikolaas Tinbergen）、卡尔·冯·弗里施（Karl von Frisch）等科学家专门研究动物的各种行为，并探究这些行为背后的复杂原因。20世纪下半叶，科学家们终于开始细致地探索动物的情感，并从人类和其他类人猿开始研究。其中最著名的是珍·古德尔（Jane Goodall）对黑猩猩族群的研究。

针对动物思想和行为开展的研究，为传统兽医学提供了有益补充，开创了一种关爱动物的科学研究方法。20世纪最后的几十年间，无论是在实验室还是日常环境中，全世界都开始广泛关注动物的心理健康，以及动物如何适应环境的问题。动物福利科学研究表明，现代农业动物养殖方式会对动物心理健康造成极大影响。在农场、实验室铁笼、动物园展馆或动物收容所里，动物的许多行为都会受到人类的约束。然而事实证明，动物非常需要自由的行为表达，如果强行制止就会导致它们心理压力增大，身体状态变差，精神状况不佳。

实验室动物的兽医护理工作也在20世纪取得重大进展，部分原因正是出于人们对动物心理健康问题的关注。实验动物有可能感染各种疾病，如另一种与牛瘟有关的仙台病毒。科学家们意识到，用染病动物做实验会影响实验结果的可靠性。因此，在第二次世界大战结束后，科学家们开始使用剖宫产技术繁殖实验动物，为它们提供无菌的生活环境以减少感染的风险。然而在20世纪后期，科学家们逐渐认识到，动物生活在实验室这种极简的隔绝环境中，会产生厌倦情绪和心理压力，这种心理健康问题本身也会导致实验数据不够精准。动物实验数据往往不能如人所愿，不能为人类或动物患者带来新的治疗方法，原因之一就在于后者的生活环境与实验动物截然不同。

20世纪的另一个重要进展是环保运动的兴起和对野生动物健康的关注。重大漏油事故会导致鸟类的羽毛被原油沾染、覆盖，鸟类需要人类救援，帮助它们清洁、治疗和康复。奥尔多·利奥波德（Aldo Leopold）和大卫·埃伦菲尔德（David Ehrenfeld）等人曾专门著书，探讨人类应当如何保护生态系统，维护健康环境。人们发现，在食肉动物体内，积聚着多氯联苯[①]和滴滴涕[②]这类新型化学物质（正像蕾切尔·卡逊在《寂静

① 一类高度有毒并能持续存在于环境中的有机化合物。——译者注

② DDT，一种杀虫剂，可被植物吸收，动物和人食用这些植物后会在体内积累滴滴涕。——译者注

的春天》一书中描述的那样），后来许多国家都禁止使用此类化学物质。重大灾害事件也会给人类和其他动物带来深刻影响，例如埃塞俄比亚饥荒和印度博帕尔农药厂毒气泄漏事件造成数以千计的人和动物死亡。不过，值得肯定的是，20世纪我们也见证了一些国家和国际社会在控制全球气候变化方面所做的努力，尽管人们对这些努力所能实现的效果的乐观程度不完全相同。

20世纪最后几十年里的进展之一是数字革命的开始。兽医行业与其同类行业一样，并不能迅速抓住新的机遇，第一时间运用主流数字技术。不过，移动通信和数据管理软件有望提高兽医决策效率，减小人为误差，利用农场“大数据”帮助农场主完成繁忙的工作。新的挑战在于，如何在发挥这些优势的同时，确保宠物主不会在没有兽医专业知识支持的情况下随意治疗宠物，而且还要确保治疗费用不会因为使用高端数据技术而变得更加昂贵，导致只有富有的宠物主和财力丰厚的大型商业性养殖公司才能负担得起，这对普通农民和发展中国家尤为不利。其中的机遇则在于，动物主人和动物们有可能从电信和数字化发展中获得巨大裨益。

新疾旧病

20世纪出现了许多新的动物疾病，有些可能是全新的，有些是旧病重现，还有一些是首次被发现的。例如，在两次世界大战期间，人们在肯尼亚发现了一种与经典猪瘟类似的新型疾病，这种病先是肆虐整个非洲，因此得名非洲猪瘟，随后又传播到欧洲、俄罗斯、古巴和加勒比地区。在东非大裂谷，肯尼亚兽医实验室的工作人员发现了裂谷热；在乌干达，人们在一名妇女和一只猴子身上分别发现了西尼罗病毒和寨卡病毒；而在科特迪瓦，人们在山羊和绵羊身上发现了一种与牛瘟有关的新型病毒，引起的症状与牛瘟非常相似，因此被称为“羊瘟”或“小反刍兽疫”。

裂谷热

该病毒可通过蚊子叮咬、空气传播、环境污染等途径感染绵羊、奶牛、水牛、骆驼和人类。裂谷热可导致动物流产，染患肝脏疾病或出现其他问题，甚至可以导致动物死亡。人们可以通过接种疫苗，科学预测和预防疫情暴发等措施进行防治——比如洪水过后蚊子会加速疾病传播，此时需要格外注意。

西尼罗病毒

该病毒通过蚊子在马、乌鸦、鹅、短吻鳄和人类等动物之间传播，可导致动物神经系统出现问题，如共济失调，身体瘫痪等，情况严重的甚至可能致命。虽然已有针对鸟类的西尼罗病毒疫苗，但关键预防措施是尽可能地防止被蚊虫叮咬。

19世纪，人们首次在乌拉圭发现兔黏液瘤病。20世纪五六十年代，这种病毒专门被引入澳大利亚和欧洲，以控制当地兔子的数量。同一时期，弓形虫病被确定为导致母羊流产的罪魁祸首。在日本，工业污染废水中的汞致使猫、猪、狗和人类的神经系统出现各种问题。此外，人们发现实验室里的恒河猴感染了麻疹（这是另一种与牛瘟有关的疾病）。十年后，又出现一种被称为H5的新型禽流感毒株（以其分子特征命名），同时，人们还发现一种能导致马匹呼吸系统问题的流感病毒。1964年，露丝·哈里森（Ruth Harrison）在她出版的《动物机器》一书中，首次对新型饲养模式下动物的心理健康状况做出描述，推动了动物福利科学事业的发展。

弓形虫病

弓形虫主要感染猫科动物，但也可能感染其他鸟类和哺乳动物。弓形虫可通过进食生肉、沾染被感染的排泄物或通过胎盘进行传播。感染弓形虫通常并无大碍，但有时也能致命。该病在人类身上会引发流产、视网膜病变甚至是死亡。预防措施包括定期给猫驱虫、及时清理猫的粪便、经常洗手和食用烹熟的肉制品。

20 世纪 70 年代，牛结节性皮肤病——一种致使牛体表皮肤产生结节的痘病毒——从非洲南部和东部的水牛身上传播到撒哈拉以南的西非地区。在美国康涅狄格州的莱姆小镇，也有人患上了一种罕见的不明怪病。1974 年，日本首次报道有锦鲤患上鲤浮肿病，并发现了猪圆环病毒。不过直到 20 世纪 90 年代人们才发现，一种新型猪圆环病毒会导致病猪普遍出现消瘦现象和生殖系统疾病，还可能患上肾病和皮肤病。20 世纪 70 年代末，大批的狗因患上一种新的犬细小病毒而出现严重腹泻，这种病毒的来源极有可能是猫，因为猫也会患细小病毒性肠炎病。此外，在韩国，研究发现汉坦病毒能感染老鼠和人类，这种病毒可能会引发疼痛、发烧、出血和肾脏疾病。

螺旋体病（莱姆病）

不同种类的螺旋体致病菌可通过蜱虫在犬类、人类、鸟类以及许多其他可能携带蜱虫的动物等宿主之间传播，引发的症状各不相同。螺旋体病可用抗生素治疗，但仍可能导致患者持续感染。

20 世纪 70 年代，英国红松鼠身上出现一种新型病毒。直至 20 世纪 80 年代初，人们才发现这种痘病毒与人类天花病毒有关。这一时期，人们在猪身上发现一种可引起猪繁殖与呼吸综合征（PRRS）的新病毒。除此之外，还首次发现一种对很多药物都具有抗药性的沙门菌在世界各地传播。20 世纪 80 年代末，成千上万只海豹死于一种与牛瘟有关的新病毒，还有更多海豹在同一时期死于犬瘟热病毒。

20 世纪 90 年代，伴随着疯牛病的出现，锦鲤疱疹病毒等前所未见的新型病毒层出不穷。若干种与牛瘟这位“旧相识”有关的“新”病毒也陆续出现。其中一些出现在鼠海豚、海豚和鲸身上，也有一些出现在人和马身上。这些病例于 1994

年在澳大利亚的亨德拉镇被发现；另有一些病例出现在人和猪身上，于 1998 年在马来西亚的尼帕村被发现。后来这种病毒暴发时，直接导致百余人死亡。为控制疫病进一步蔓延，100 多万头猪遭到扑杀。到了 1998 年，人们发现两栖动物身上出现一种壶菌病，该病由蛙壶菌引起，病例遍布世界各地。20 世纪 90 年代末至 21 世纪初，还出现了各种禽流感毒株，其中一些毒株尤其危险，它们主要通过农贸市场的活体动物在东南亚地区进行传播。

亨德拉病毒和尼帕病毒

这两种病毒彼此密切相关，能感染猪（尼帕病毒）、马（亨德拉病毒）、人类和蝙蝠。亨德拉病毒和尼帕病毒会导致神经系统或呼吸系统疾病，有些物种感染后死亡率高达75%，目前还没有治疗方法能够攻克这两种病毒引发的疾病。现在虽然已经研制出针对亨德拉病毒的疫苗，但是关键的预防方法依然只有以下四种：1.使用人道的方法饲养动物以减少病毒传播；2.了解最易诱发动物疾病的生态环境，并设法避免这种生态环境的形成；3.避免接触蝙蝠群落；4.推广使用防护设备。

同样是在21世纪初，严重急性呼吸综合征（非典型性肺炎）在中国突然暴发。美国则在2003年暴发了猴痘，传播源头是一批作为新奇宠物出售的冈比亚巨鼠和草原犬鼠。2006年，人们在北美蝙蝠的口鼻和翅膀上发现一种白色真菌引发的疾病。这种病后来被称为“白鼻综合征”，截至2018年已导致数百万只蝙蝠死亡。2009年，又新出现一种包括人流感、猪流感和禽流感三种类型的混合流感毒株。

2012 年，沙特阿拉伯出现了中东呼吸综合征。这是一种与严重急性呼吸综合征相类似的疾病，把它传染给人类的元凶很可能是单峰骆驼。与此同时，人们还在猫和吸血蝙蝠身上发现了与牛瘟有关的新型病毒。2014 年，埃博拉病毒大规模暴发。有这样一种说法：首例人类埃博拉病毒感染者曾经在一棵空心树里玩耍，这棵树里同时还住着一群安哥拉无尾蝙蝠，于是人类便从蝙蝠身上感染了病毒。还有一种说法是人类是因为食用携带病毒的野味才被感染的。自 2013 年以来，人类胎儿发育异常的问题在太平洋群岛和巴西时有发生。调查发现，对这些胎儿造成危害的元凶是寨卡病毒。与此同时，麻风病也卷土重来，再次感染了英国红松鼠。

幸运的是，有些疾病正陆续被人类所消灭。牛瘟被根除的消息使联合国粮食及农业组织和世界动物卫生组织备受鼓舞。他们联合制定了一项全球战略，目标是到 2030 年之前有效控制并根除“羊瘟”（小反刍兽疫）。此外，导致母牛自然流产的布鲁氏菌病和口蹄疫已经被许多国家彻底根除。在很多国家，人们利用巴氏灭菌法大规模消灭了饮用生牛奶引起的结核病。其他一些人类结核病病例则由人类自身传播的各种细菌引起，也有极少数是受到田鼠传播的细菌感染。在整个欧洲和北美地区，狂犬病已几近根除，在澳大利亚则从未出现过狂犬病毒。最近，世界动物卫生组织建立了犬类疫苗库，这些疫苗将和野生食肉动物食物的口服疫苗双管齐下，目标是到 2030 年彻底消灭狂犬病。

但是，这些疾病之中有许多种类至今依然存在，还在影响着人类的生活。2013 年，世界卫生组织报告了 783 例人类感染鼠疫病例，以及数不清的啮齿动物死亡病例。虽然天花已被消灭，但牛痘仍然存在于啮齿动物、捕捉啮齿动物的猫以及宠物猫主人身上。在非洲，仍有人类和其他灵长类动物感染猴痘。在国际运输过程中，受感染的外来宠物也能将猴痘病毒散播到其他地方。在世界各大洲，利什曼原虫仍在感染数以千计的狗和人类，其中营养不良的儿童和艾滋病感染者的病情尤为严重。同时，每年仍有成千上万的人、不计其数的犬类和其他动物死于狂犬病。

在一些发展中国家，牛和人类身上携带的结核致病菌仍在感染其他动物和人类。羊瘟则在非洲、中东和亚洲地区迅速蔓延——2007 年传入中国，2008 年传入摩洛哥，2016 年 2 月传入格鲁吉亚，同年 4 月传入马尔代夫。每年由于羊瘟造成的损失可达 15 亿美元，尤其是非洲和南亚一些发展中国家损失最为惨重。西尼罗病毒已在非洲、亚洲、欧洲、北美洲等地传播开来，最近甚至扩散到澳大利亚、拉丁美洲、南美洲和加勒比海等地区。牛结节性皮肤病从中东蔓延至土耳其、希腊和马其顿，保加利亚也于 2016 年 4 月发现该疾病。猪繁殖与呼吸综合征在世界范围内传播，其病毒还在亚洲和美国发生变异，使遏制病毒传播的工作变得更加困难。口蹄疫和猪瘟在许多国家余烬又起，布鲁氏菌病和裂谷热等其他疾病也延宕反复。2015 年，加拿大还报道了一起新增的疯牛病病例。

今日兽医学

如今的兽医学同时具备科学性质和临床性质。作为一个科学领域，兽医学与生物学交叉，涉及100多万种动物，关系到生理学、病理学、行为学和心理学等学科。作为一门临床学科，兽医学的救治工作覆盖数以亿计的动物，包括疾病诊断、用药、手术和护理等工作。它是现代农业、动物研究、宠物饲养和环境保护等领域的重要支撑，惠及数百万的动物主人和消费者。兽医学家喜欢时不时以此稍稍“挑战”一下他们的姊妹行业从业者——人类医生和牙科医生，将自己宏大的研究范畴与他们进行对比，认为人类医生仅仅研究人这一种生物，而牙科医生最多也只是研究人的32颗牙齿而已。

兽医接诊的大多数动物同它们的主人以及动物制品消费者一样，都属于脊椎动物，尤以哺乳动物、鸟类、爬行动物和硬骨鱼类居多。不过兽医也可能经常接诊一些无脊椎动物，例如蜜蜂和珊瑚等。有些无脊椎动物，如绦虫和虱子等，通常被认为是医学上致病的敌人而非需要救治的病人，兽医研究它们主要是为了弄清楚怎样治疗这些“敌人”的受害者。

仅有一种动物不在兽医学研究范围之内：智人，尽管人类和其他动物之间有着数不胜数的重要且相似之处。本书中，“动物”和“我们”共同指代的是地球上所有的人类和非人类成员。

兽医学的核心工作是保障动物健康，换言之，是确保动物的身体健康、心理健康和社交健康。身体健康在于，动物能够茁壮成长并维护自身安全，避免感染、受伤和重度残疾。心理健康在于，动物能够良好应对外界刺激和自身情绪，避免进入压力、抑郁和长期焦虑等状态。社交健康在于，动物得到妥帖的陪伴，使它们能够避免恐惧和孤独等不良情绪。健康也是一个积极的概念：当动物们能够心满意足，享受它们居住的环境时，就能拥有良好的身体健康、心理健康和社交健康。兽医学不仅旨在最大限度地减少动物们的痛苦，还力图确保动物能有机会过上优质、富足的生活，不会因为伤残或饥饿而备受折磨。

兽医学研究的终极目标是弄清究竟怎样才能对动物更有益，而不仅仅是研究动物在哪些方面能对人类有益，以及动物如何更好地为人类提供肉、蛋、数据或陪伴（尽管这些也很重要）。其他领域的科学家可能会单纯为了人类的利益而改造动物或利用动物，例如，研发供人类使用的药品、提高农业生产力等。在不同情况下，人们对这些做法褒贬不一。但是，对动物的改造和利用绝不能算作兽医学行为，就像类似的人体实验不能算是医学行为一样。举例来说，故意让动物生病，然后用它们做实验来辅助研究人类疾病，这可不是兽医学的工作；让生病的动物恢复健康，才是兽医学的工作范畴。

站在服务人类的视角，兽医学能够在更多领域实现人类制定的多重目标。第一，兽医学可通过减少疾病在物种间的传播，提高动物产品的营养价值，或协助开发可用于人类患者的药物，最终提升人类健康水平。第二，兽医学有助于提高农业生产力，提升土地使用效率，从而减少贫困，促进人类经济发展。第三，兽医学还可通过增强粮食安全性，支持农牧民自给自足，促进社会的公平正义。第四，兽医学还可减少污染和温室气体排放，有利于保护自然环境及野生动物种群。让动物们在良好的环境中健康生活有助于实现上述目标，同时也能让动物们生活得更加美好。如今在许多国家，兽医在正式入职之前需要进行宣誓，誓词中体现的正是奉行动物福利至上的多元工作目标。

常见兽医誓词

作为一名职业兽医，我庄严宣誓，我将用我所学的科学知识和技术服务社会，保护动物健康和动物福利，预防和减轻动物痛苦，保护动物资源，维护公共卫生，促进医学知识进步。我将秉持良心执业，保持职业尊严，遵守兽医职业道德。我将以不断提升专业知识和诊疗水平为终身职责。

兽医学的研究范畴包罗万象，许多非兽医专业的研究人员也为兽医学领域做出了巨大贡献。他们中有生物学家、化学家、营养学家、行为学家、心理学家、生态学家，还有蹄铁匠等。此外，兽医护理的许多实际工作也都是由非专业人士完成的。兽医护士和技术人员发挥的作用越来越重要，也越来越专业。动物主人和饲养员必须注意观察动物发病时的症状，有时还需要及时给动物实施相应的治疗（最好是在兽医的指导下进行）。最重要的是，他们必须为自己的动物提供健康的饮食和良好的生活环境，从根本上预防疾病的发生。本书讨论的“兽医学”是一个广阔的领域，希望能够帮助读者领会学界共同的价值观，了解科学领域的交叉研究，认识不同物种、不同学科之间千丝万缕的关联性。

兽医学正逐渐与其他学科领域交叉、融合，尤其是与生物医学、食品科学和生态科学等领域。许多科学成果推动了兽医学以及其他科学领域的发展，而兽医学的研究成果也成为其他领域研究的助推剂。医生为保护人类健康，需要了解动物营养知识以及疾病在不同物种间的传播方式，这将有助于把人类患者使用的先进疗法应用于动物患者。食品科学家为保证食品质量和食品安全，需要把控为人类供应食材的动物的健康状况、压力大小、遗传情况和养殖生产全过程，同时确保动物自身得到了悉心照料，并且营养充足。生态学家需要评估动物养殖方式和动物疾病对全球生态环境造成的影响，协助考察动物活动及环境变化带来的后果。维护人类和动物的共同利益牵涉到多方的利害关系，因此既需要跨学科通力合作，又要求相互合作的各行业专家必须充分了解彼此的研究领域。

第二章
人与动物

02

动物医学

我们大多数人都熟悉为人类患者治病的医学。少部分人是治病救人的注册医师，而大多数普通人都有过作为患者被诊治的经历。许多人甚至还会自我诊疗，给自己和家人买药，比如常用的阿司匹林等。新闻报道中经常介绍人类医学领域一些让我们看到光明前景的重大突破，这些成果的取得多以动物研究的实验数据为基础。我们的生活方式和家庭决策都会考虑到家人现在的健康状况以及未来可能发生的患病、伤痛和死亡。保证身体健康是我们人生中至关重要的大事，因此这门学科被尊称为“医学”——确切地说，称其为“人类医学”更为合适。

相比之下，大多数普通人都不太了解为动物治病的兽医学。人们可能会觉得不可思议：我们和动物的关系其实非常紧密。我们之中有些人是农场主或养殖户，有些人在宠物店、动物园、马戏团或实验室工作，还有许多人需要照顾自己饲养的宠物。大多数人平日里都会食用或使用一些动物产品，也会使用通过动物实验研制出的各类药物。无论是在城市还是农村，我们身边都生活着各种各样的动物，它们既牵动着当地自然环境和全球气候变化，也身处后者的影响之中。因此，我们极大地依赖兽医学来保障我们的生命安全、饮食营养和幸福生活。然而我们往往意识不到兽医学对满足人类各种生活需求、维护人类健康的重要性。

了解人类医学知识有助于我们更好地理解兽医学。兽医学与保健同动物患者之间的关系类似于人类医学与保健同人类患者之间的关系。这两个领域的工作人员研究疾病和生物的过程都十分相似，他们给患者诊治的病症相仿，所做的医嘱也大同小异。人类医学和兽医学有太多异曲同工之处，因此可以相互借鉴。当然，二者之间也存在一些显著差异，临床医生诊断时必须将这些差异考虑在内才能准确判断病情，其中许多差异甚至可能源自文化、语言甚至社会政治的不同。

但是，仅仅将人类医学和兽医学做简单对比是徒劳无益的。最好把这两个领域看作一枚硬币的两面，或看作共同探索一个统一的、全面的科学领域的两个平行透镜。只要人类医学家和兽医学家携手合作，参与其中的每个人都真正理解和关心这一领域的研究目标和相关理论，就有望为人类患者和动物患者带来益处。在许多国家，医学及其相关概念，例如“病人”“医生”等都适用于包括人类在内的所有动物。简单概括即：兽医学是医学的一部分。

这是因为从根本上来讲人就是动物。我们，即所有动物，在基本的生命机理、患病种类、患病后的症状和治疗后的反应等方面均有许多相似之处。理解动物的生命机理就意味着全面了解人类和其他动物构成的生物整体。事实上，正是人类与动物之间的诸多相似性解释了为何科学家使用动物来研究人类疾病的治疗方法；为何医药公司会在进行人体实验之前，先在其他动物身上测试药物以及其他化学物质是否高效、安全；为何兽医学家诊治动物患者时也会采用尖端的人类治疗方法。的确，人类医学和兽医学之间存在一个循环往复的关系，许多药物最初被用于动物实验对象，如果证实药物对动物有效，则适用于人类患者，然后再进一步调整，使药物适用于动物患者。实验动物和患病动物的具体种类可能有所不同：前者通常包括啮齿动物和鱼类，而后者则通常是犬、猫和马——因为多数宠物主人不会为小鼠、大鼠或斑马鱼这些“小患者”花费太多金钱与时间。不同物种之间有着错综复杂的科学联系和相互依赖性。

从本质上看，兽医学是一门横跨不同物种的学科。其患者物种范围之广有助于兽医学家从根本上了解医用生物学，既能够认识不同物种间重要的相似之处，也能够理解其中的显著差异。兽医学家可将普通生物学的概念和技术应用于所有动物，例如疾病防治和确保手术卫生的基本原则。他们观察、学习常见动物的疾病，再思考能否将治疗经验复用于稀有动物罹患的那些未被研究过的疾病，从而提出各种具有一定可行性的治疗方案假设。例如，在治疗本地奶牛、犬类的过程中可以胆大心细地进行尝试，积累治疗经验，以期将来能用这些经验帮助欧洲野牛或貉等野生动物。兽医学这一特质使得兽医学家对人类生物学持有独到的见解，因为人类实质上也是兽医所治疗的众多动物之外的另一动物物种。

了解医用生物学的基本内容有助于兽医学家辨别不同物

种间的差异。兽医学本质上也是一门比较科学，不同的动物体型各异，它们的生物过程、行为习惯、所患疾病类型也千差万别。青霉素被广泛用于治疗大多数动物的细菌感染，但是也能杀死豚鼠和仓鼠肠道中有益的（或“友好的”）细菌，致使有害细菌大量繁殖，反而加重病情。家养的貉可能会患上心理疾病，而处在同样生活环境下的犬类却不会出现心理健康问题。就连母鹅和公鹅之间也存在生理差异，因此能治好母鹅的药并不一定能对公鹅奏效。虽说人与动物之间的差异显而易见，但是马与海马之间的差异比马与人之间的差异要大得多（更不必说各种类人猿之间的差异了）。即使在同一物种内部，不同血统、性别的动物以及不同患者个体之间都存在着诸多差异，甚至每一只动物的个体特征也会随着时间的推移而产生变化。

动物生物学：解剖学、生理学、遗传学

兽医学发展的一个良好起点是对动物身体的研究。正如第一章所述，解剖学家一直在研究动物的身体结构：从全身骨骼和主要器官的整体构造，到这些器官的细胞组织构成，再到单个细胞的基本结构，甚至精细到细胞内部结构的微观

解剖。与此同时，生理学家和生物化学家也对人体运作方式积极开展研究，他们的研究不仅包括神经细胞内的电传导，也包括神经细胞间的化学传导。此外，遗传学家已经揭示出操控细胞中蛋白质合成的DNA（脱氧核糖核酸）指令编码，以及编码如何影响人体结构、生理特征和行为特点。

现存的所有脊椎动物——哺乳动物、鸟类、爬行动物、两栖动物和鱼类——都有共同的祖先，它们生活在大约5亿至6亿年前。所有脊椎动物共同拥有约一万个基因，这些基因编码出许多共同特征：多腔室心脏、牙齿、内骨骼和软骨，以及专门的内分泌系统和免疫系统，包括胰腺、胸腺、肾上腺、脑垂体和甲状腺。这意味着所有脊椎动物在生长发育和维持身体健康的过程中都有相似的基本生理需求。波意耳（Boyle）和他的助手胡克（Hooke）曾做过气泵实验，实验证实任何动物想要生存下来都需要足够的氧气。动物同时还需要充足的饮食，摄取足够的蛋白质、脂肪、碳水化合物、矿物质和维生素，而且还需要宽敞的空间和丰富的资源来满足它们主动锻炼和活动的需求。动物要生存就需要足以抵御酷暑严寒的舒适住所，还需要安全的水源和良好的空气质量，并且要具备足够的能力以躲避其他动物的威胁，同时避免误食毒物或受伤。哺乳动物、鸟类、爬行动物、两栖动物和鱼类基本都需要类似的条件，才能安全生存，不断繁衍。

当然，即便不是专业的兽医学家，也能发现不同动物之间存在的细节差异。一些患病动物可能完全没有腿，也可能有一条腿、两条腿、四条腿，甚至有六条或八条腿。它们可能有喙、蹄子或爪子，也可能长着皮毛、羽毛或鳞片。有的是胎生动物，有的是卵生动物；有的是陆地动物，有的是水生动物；有的是穴居动物，还有的是飞行动物。它们有可能过着杂乱的群居生活，也可能总是独来独往。有些动物的寿命很短，比如叙利亚金黄地鼠通常只能活一年左右，而雄性棕袋鼩一生只有一次为期两周左右的繁殖期，之后就会死亡。也有一些动物可以活上几十年之久，据报道，加拉帕戈斯象龟可以活到 170 岁。还有一些动物，如耳廓狐等，能够在沙漠高温环境中生存下来；另一些动物，如两栖动物和鱼类，它们似乎能自己分泌天然的防冻液（不过体内形成的冰晶可能也会导致其他健康问题），可以在冰点以下存活。

动物之间的差异意味着动物的具体需求不尽相同，比如饮食上的各有所好就是一个很好的例子。绿树蛙只吃肉（猎物腹中未消化的植物除外）；山羊只吃植物（不小心吃到的无脊椎动物除外）；兔子和马的牙齿会不停地生长，因此需要不断咀嚼食物来磨牙；奶牛、山羊和绵羊的胃很大，胃里面的生态系统由数百种不同微生物构成，这些微生物分别具有特定的营养需求。除此之外，许多蛇类动物通常从以肉为主的日常饮食中直接获取足够的维生素 D，而蜥蜴则靠阳光或人造紫外线照射才能在皮肤中合成维生素 D。大多数动物也可以在体内合成维生素 C，但是人类和豚鼠除外，他们需要从食物中获取现成的维生素 C。

我们所属的物种（更笼统地讲，我们的基因）是决定我们生理结构的重要因素。不过，对于我女儿来说十分幸运的是[①]，我们的身体并不完全由基因决定，还取决于我们的基因如何与环境相互作用。基因与环境之间的相互作用，一般来说，就是动物和环境之间的相互作用，它决定了每种动物的生理特性。我们的基因、身体、行为和环境以各种复杂的方式彼此相互影响。例如，食物短缺会影响基因的表达方式，造成内分泌失调和行为障碍等问题。动物需要“适应”环境才能生存下来，需要“顺应”环境才能如鱼得水，茁壮成长。正

① 此处为作者的自我调侃。——译者注

如那句著名的拉丁文所言：健全的心灵寓于健全的身体。[①]

动物疫病：病理学和微生物学

动物与人类在生物学上的相似性，意味着二者有可能罹患一系列大致相似的疾病：动物腺体分泌的激素过多或过少，也会造成内分泌疾病；动物癫痫发作时，同样会导致短暂的大脑功能障碍；随着年龄的增长，动物的关节、大脑和肾脏也会逐渐发生功能退化；动物细胞也会生长异常，导致肿瘤或癌症的发生；同样地，鼻腔狭窄也会致使动物呼吸困难。

上述这些身体功能障碍，有很多都是由动物基因所决定的。例如，人类和猫都有可能患上克氏综合征，患者细胞内都含有两条 X 染色体和一条 Y 染色体。一般情况下，这种病会导致患者发育异常或不育。兽医学家还发现，猫体内有的基因会导致肥厚型心肌病和肾囊肿。商业性农场里养殖的那些生长速度极快的小鸡和火鸡，可能会出现免疫力低下、跛行、浮肿等问题，也可能患上鸡新城疫，甚至会突然死亡。另外，某些血统的斑点狗容易患上耳聋或膀胱结石等疾病。其他犬

① 原文为 Mens sana in corpore sano，来自古罗马诗人尤维纳利斯的诗篇，意思是有健康的身体才有健康的精神。——译者注

类，如拳师犬、金毛寻回犬、罗威纳犬等，它们患上各种癌症的风险都较高。除此之外，许多品种的犬、猫和羊都是扁平鼻，这些均是基因作用的结果。

许多疾病与微生物感染或寄生虫侵扰有关。有些感染或寄生虫存在于动物体表，如跳蚤、螨虫这样的蛛形纲动物，还有金黄色葡萄球菌等细菌感染，以及皮癣等真菌感染。其他一些则发病于动物体内，如绦虫和吸虫等蠕虫，锥虫等单细胞原生动物，以及大肠杆菌和沙门菌等细菌感染引起的疾病。还有一些病原体寄生于宿主细胞体内，包括像衣原体这样的致病细菌、流感病毒和细小病毒。疯牛病和羊瘙痒病等类型的疾病，则是由某些畸形蛋白质所引起的，它们以某种方式破坏了其他正常的蛋白质。这些畸形蛋白质类似库尔特·冯内古特（Kurt Vonnegut）在小说中虚构的能让水在室温下结冰的“九号冰”物质，它们在动物的脑组织中不断堆积，最终导致动物发病。有些细菌和寄生虫能对多种动物产生普遍影响，比如某些沙门菌菌株；有些则专门寄生于某种动物的特定部位，比如匙形复口吸虫就寄生在鱼的眼球内，缩头鱼虱则寄生在鱼的口腔中，随后慢慢吃掉鱼的舌头并取而代之。

不过，微生物也并不总是有害的。它们有些虽然包围了我们的身体内外，实际上却并无害处，只有在出现异常情况时才会使我们生病。比如，有的细菌虽然会导致肉毒中毒或破伤风，平时却可以和周围的环境、动物肠道以及我们的皮肤和平共处——只有当它们进入皮肤内部（一般是通过伤口）或被不小心误食之后，才会产生有毒化学物质，导致患者的神经系统出现问题，产生牙关紧闭、身体虚弱等症状。无独有偶，引起蝙蝠白鼻综合征的真菌，平时生长在洞穴岩壁上，以腐烂物质为营养源，但是这种真菌却能够成为蝙蝠高致命性传染病大暴发的罪魁祸首。

有些微生物对动物来说甚至是大有裨益的。所有动物其实都携带大量微生物，这些微生物有可能生活在皮肤表面或肠道和呼吸道中。它们有助于促进身体的消化功能，如果用抗生素消灭牛肠道中有助于消化草料的微生物，那么牛也将无法继续存活。这些有益微生物还可以帮助我们抵御其他可能致病的有害微生物。比如，有研究发现人类鼻子里存在一种细菌，它可以产生一种潜在的新型抗生素。此外，有益微生物还有助于保持环境的安全和清洁，例如，有的细菌可以分解鱼类的排泄物，净化水质。不过，当宿主处于患病状态，或携带的细菌数量过于庞大时，这些细菌也会引发一些问题。

其他的动物健康问题则并非由微生物引起，而是由其生活方式所导致。摄入过多的卡路里或缺乏锻炼，会让大多数动物变得肥胖。这种现象在许多宠物和表演秀动物中十分常见，全球共有 22% ～ 40% 的宠物犬面临潜在的肥胖风险。车祸或暴力行为会导致动物骨折和体内出血，高温会造成动物灼伤或中暑，某些特定的化学物质则会导致动物出现中毒或不良反应。有时导致一种动物患病的原因，在另一种动物身上可能完全不会造成影响，通常情况下是基因和环境的共同作用引发了疾病。比如，巧克力、布洛芬和葡萄中的某些化学物质对人类而言可以耐受，但是对犬类来说却剧毒无比。

当然，动物种类不同，所患疾病也不尽相同。人类患动脉粥样硬化、前列腺疾病和龋齿的概率更大，其他圈养的猿猴类动物也是如此；与猪、犬和猫相比，马更容易感染破伤风；大鼠则更容易长乳腺肿瘤。许多农场动物未到患上老年病的年龄，就已经被屠宰了。在美国，癌症可能是导致犬类死亡的主要医学原因，特别是那些有遗传病倾向的犬类品种。实际上，有许多纯种犬更容易患上其品种特有的一系列遗传性疾病。同样在美国，某些绵羊品种和那些携带特定基因的绵羊，患羊瘙痒病的风险似乎比其他羊的患病风险更高。和成年人类不同，多数家养动物都无法自己决定饮食、选择生活方式、挑选同伴、主导互动，更不能选择自己的生存环境，因此如果动物患病，很大程度上可以说是我们人类的过错。

动物心理：心理学和行为学

大多数脊椎动物的神经系统都大同小异：脊髓神经从头至尾贯穿我们的身体，把大脑发出的指令信号传送到身体各部位。动物们发达的大脑有相似的区域，分工处理思想和情感。事实上，正是大脑中较为古老且为各种动物所共有的这些部分，控制着高等脊椎动物的基本生命活动和情绪，与动物心理健康、行为方式和动物康乐息息相关。哺乳动物、鸟类、爬行动物和鱼类的大脑区域与人类非常类似，各个部位分别负责不同的功能，与我们的生理体验一一对应。总体来看，人类、海豚和鲸鱼的大脑体积更大，但是并没有充分的理由证明其他大脑相对较小的动物生病时所承受的痛苦就更少。事实上，由于这些动物的心理应对机制相比之下更不健全，它们在某些情况下遭受的痛苦实际上可能比智力发达的动物更多。

大多数动物都经历过不愉快的感觉，诸如疼痛、瘙痒、恶心、萎靡、困窘、痛苦、不安、孤独、无聊、烦躁、焦虑和恐惧等。这些感觉可能与疾病有关，或源自某些特定情况造成的压力，比如恶劣的生活环境等。此外，医疗诊治本身也会给动物患者带来一些负面感受，比如动物在手术后会感到疼痛（包括可能出现幻肢痛），接受化疗会引起恶心的症状，甚至有的动物一去医院就会有恐惧感。人类也会患上一些没有症状或只有轻微身体症状的疾病，同样需要忍受疾病带来的疼痛，比如头痛和纤维肌痛，以及幻肢痛等术后并发症。其他动物什么时候会出现类似的情况，我们不得而知。

研究动物情绪和心理过程的一个关键方法，是观察与动物情绪状态相关联的行为。情绪的波动起伏可能会导致动物具有攻击性，出现自我伤害、睡眠困难等问题，还会逃避去那些让它们心生恐惧的场所（如动物医院）。动物情绪还可通过视觉（如改变身体颜色、变换姿势）、听觉（如哀嚎）或化学（如释放气味）等各种类型的信号特征表现出来。人类、马、猫、啮齿动物和其他动物在受到威胁、遭受痛苦或承受压力时，都会呈现出特定的面部表情。犬类会在害怕时夹低尾巴，而摇尾巴时可能表示的是困惑或焦虑，而非开心——这与人们的刻板印象截然相反。也有其他的可能，比如狗学会摇尾巴是因为这样做能引起主人的关注（虽然也有证据显示，狗摇尾巴的不同方式可能会微妙地表明它们看到的是喜欢还是不喜欢的东西）。

大多数动物并不擅长识别其他动物的情绪，尤其是非群居动物，对它们而言，暴露生病的迹象可不是什么好事。别的动物也不会让其他种类的动物轻易识别出自己的体征。当附近有潜在的捕食者时，被捕食的动物（即大多数农场动物、宠物和实验动物）可能会抑制自己的行为反应，以免被发现。它们也会将人类视为潜在的捕食者，所以主人和兽医也很难明辨动物生病的症状。因此，兽医学家需要秉持十分谦逊的态度，意识到人类在动物治疗方面还存在许多局限性，尤其对鱼类、两栖动物和爬行动物这样与人类差异较大的物种。兽医学家们没有因为自身局限性而得出“动物一定没有情绪”这样不合理的结论，相反，他们越来越相信动物也有各种情绪。

动物大脑如果出现异常，也会增加罹患神经性疾病和心理健康疾病的风险。大脑功能障碍会导致动物健忘、癫痫发作或性格改变。这些除了会让动物们心情不畅、局促不安、出现定向障碍之外，还会造成它们在家里随意大小便、发出怪叫声、做出攻击性或重复性行为等反常举动。紧张、焦虑和抑郁的影响更为严重，不仅会使动物情绪低落，还会引发其他疾病，譬如压力增大可能会削弱动物的免疫系统功能，使它们更容易感染传染病。这就是许多牛和马在长途运输过程中会突然患上呼吸道疾病的原因之一。

另一种心理健康问题是动物学会不再对压力做出反应，这种情况被称为“习得性冷漠”或“习得性无助”。在一些残忍的动物实验中可以观察到这一现象。当狗反复遭到电击，发现无论如何都无法避免之后，它们便学会不再费力去躲避。对人类而言，这种心理问题的产生通常与家长照顾不周、家庭暴力和生活贫困等情况有关。对农场动物和实验动物而言，这种问题多与限制动物活动范围有关，比如把猪关在狭小的猪栏或板条箱内；对于马来说，则或许是那些痛苦的训练方法造成了这种心理健康问题。另外，“习得性无助”也可能与抑郁症相关。

有些动物的心理健康问题，最初可能是由一些真实存在的危险、挫折或冲突所导致的。但这些问题随后便发展成更具普遍性的焦虑综合征、恐惧症或强迫症。也有些心理健康问题最开始可能隐藏在动物正常活动的表象之下，比如梳理毛发、来回行走、掘地挖洞和狩猎行为，但是这些行为会逐渐变得越来越夸张，甚至会彻底发生行为改变。有时这些问题与动物体内分泌的激素有关，尤其是与压力相关的激素。长期压力过大、肿瘤或腺体功能异常可导致压力激素分泌过多，从而引起动物进食增多、排泄频繁、气喘吁吁、睡眠不佳、焦虑不安。有些心理健康疾病也可能（部分地）有遗传基础，一旦环境状况不理想，个别动物就容易出现健康问题。

人们往往认为心理健康状况不佳主要是“行为”出现问题。行为学家通过研究动物行为来了解这些问题动物，兽医学家则经常借助这些行为来诊断动物疾病。动物的某些行为会对它们自身造成伤害（比如猴子的自残行为或狗的攻击性行为），也有些动物的行为会让主人们心生反感（比如在家里随处小便或吠叫——这不是它们生病时才有的表现，动物们平时这样做也令主人头疼）。不过，兽医学家需要从动物患者的角度来考虑这些问题，构成动物心理体验的是它们潜在的情绪，而不是它们的行为。对动物行为的研究和控制可能具有一定价值，但是对动物潜在心理状态的研究或控制更有价值。

动物患病后的反应：免疫学和病理生理学

动物的身体会在受伤或生病时进行反击。人和动物会将有毒物质通过尿液或粪便排出体外，或通过调节新陈代谢来缓解压力，以便为接下来的行动做好准备。被细菌感染后，动物会升高体温来抑制细菌生长：哺乳动物和鸟类依靠身体内部自发产生的热量，爬行动物和鱼类则会挪到温度更高的外部环境中。人和动物体内会产生白细胞和抗体蛋白，它们能对微生物、寄生虫或癌细胞表面的化学物质进行探测和攻击。我们在受伤后皮肤组织会红肿发炎，这就是在帮助免疫细胞接近病原微生物和受损组织。

人和动物体内的免疫应答能够不断清除各种微生物和癌细胞，以防止疾病发生，通常都能清理得十分彻底。有时，免疫应答只能取得部分胜利，一些微生物或细胞会在动物体内残留，导致慢性疾病的发生；或许，它们也会在动物体内先潜伏一段时间，然后卷土重来，导致疾病突然发作。动物身体做出的反应会改变疾病造成的影响。某些疾病呈现出的症状，取决于动物产生免疫应答的强弱程度，例如，不同动物感染利什曼原虫病之后，有些可能并不会表现出任何临床症状，有些可能会得病但是能够完全自行康复，有些会出现慢性皮肤病、眼科疾病或血液问题，有些则会出现肾衰竭、呕吐、腹泻或关节疼痛等症状，还有一些会直接死亡。身体免疫系统的反应程度取决于多种因素，比如动物的年龄、品种、遗传基因、营养状况、先前暴露情况和其他并发症等。

我们人类和动物一样，也会相应地做出一些举措来避免更为严重的伤害或疼痛。比如，我们会跛着脚走路，或更加小心翼翼，从而避免对受伤身体部位造成进一步伤害；我们也会更加困倦，通过增加睡眠来节省能量或远离捕食者的视线，避免因过于虚弱而无法逃脱追捕。将来，我们也许还要学会避开那些曾让我们生病或受伤的食物、场合甚至是人，从而避免再次感染。这些变化其实都是身体本身所产生的适应性反应，由免疫系统、内分泌系统和神经系统共同协调完成。它们能改变我们原本的行为动机，使我们不再想进食、玩耍、打理自己或生育繁殖。不幸的是，身体的这些反应虽然避免了严重的伤害或疼痛，却常常使我们感到难受。

动物的身体反应还可以防止把自身的感染传染给其他动物。一种新理论认为，动物生病时的许多行为不仅有助于抵抗自身感染，还能阻止细菌的进一步传播。獾和蝙蝠染病后可能会离开它们的洞穴或栖息地（许多宠物主都说，自己的宠物也会在临终前离开家躲起来），这样做也许是为了让它们的同伴免于感染。老鼠似乎能够嗅到其他老鼠身上某些感染后产生的气味，并远离这些患病的同伴。很多动物生病后会减少饮水量，从而减少对水源的污染。当然，动物的某些行为可能有双重效果：比如嗜睡不仅可以节省精力，也可以减少疾病的传播。

动物试图对抗疾病这一过程本身也会引发各种问题：抓挠、撕咬或舔舐自己可能会让伤口更加疼痛、瘙痒。有时需要阻止动物进行自我治疗，比如防止它们舔舐伤口（图 5）。动物机体如果将自身的某些细胞或化学物质当作威胁，并试图加以清除，就会导致自身免疫性疾病。体内参与免疫应答的细胞有可能生长过快或生长异常，从而导致淋巴瘤等各类癌症的出现。此外，免疫系统有可能会对身体探测到的细胞或化学物质“过度反应”，导致动物对一些食物、植物、灰尘或干草霉菌产生过敏反应。事实上，有时候重度感染本身就已经够糟糕了，却还会引发全身免疫过度，比如发烧、低血压、血凝块、内出血、多器官衰竭等，还有可能导致过敏性或感染性休克，甚至死亡。

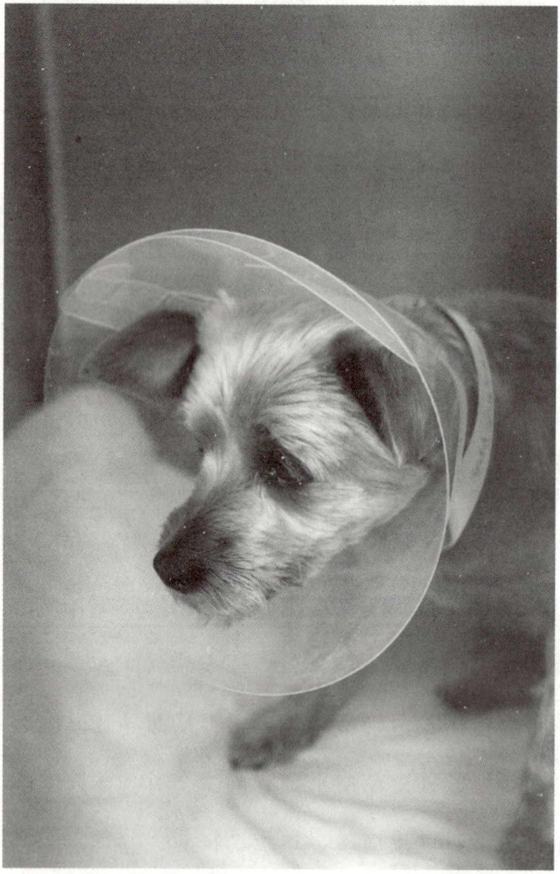

图 5　宠物主为防止狗舔舐伤口，为其佩戴“伊丽莎白圈”

另外，动物也有可能产生过度的心理反应。动物在真正遭遇威胁时会产生一定的恐惧感，这是正常的自然反应，但有些动物可能对某些特定情境有恐惧症，因为它们会由此联想到某些能够伤害到自己的情形，比如人类的烟花表演等。有些狗在遭受到虐待之后会特别害怕某个人或某类人。总体来说，许多动物都会患上过度或长期的焦虑综合征，它们会过度担忧潜在的危险。持续承受某种压力的动物，会相应做出一些行为来应对，久而久之，这些行为便不断重复，根深蒂固。可以说，上述这些情况中，有一些是动物身处险境时所做出的合理反应，但是做出这些反应时它们的确会感到不适，因此最好避免接触引发它们产生反应的场景或人。

随着时间的推移，或在动物生长的某些关键时期，由反复生病、受伤、疼痛或恶劣环境造成的慢性压力会改变动物激素分泌，导致其神经活动过程发生变化。此类压力会影响动物身体和大脑分泌激素和化学物质，比如改变皮质醇、多巴胺、肾上腺素和血清素的含量，间接影响动物的机体反应。这些激素和化学物质的变化会进一步改变动物的思考和感知方式，比如动物通常会变得越来越紧张、焦虑、抑郁。事实上，已有证据表明长期的炎症等身体问题会损害动物的心理健康。

反之，严重的、持续性的精神压力也会导致或加重动物的身体疾病，比如膀胱炎、皮炎和肠道问题等。通常情况下，动物在出现健康问题时所做出的自发反应是有利于它们身体康复的，但是也会造成一些不良后果。

疾病反扑

身体对疾病的自发反应并不完美，否则动物就不会为疾病所困了。如果动物已经存在其他健康问题，如感染、肿瘤、重度烧伤、体温过低或营养不良，可能就无法做出正常反应来应对疾病的挑战。如果动物所处的环境缺乏它们生长所需要的资源，引发动物之间的冲突打斗，导致动物挫败沮丧，那么它们可能就无法应对生存的压力。有些动物会转而寻找替代资源，并继续做出类似行为（比如鸡饲料供应不足会引发啄癖现象）；有些动物则会做一些看起来毫不相关的事（比如有的动物紧张时会小便失禁）；还有一些动物甚至完全不做出任何反应。压力和其他健康问题同样都会造成受感染动物出现免疫抑制现象。

确切地说，许多因素都会导致动物无法成功产生免疫应答。动物幼崽尚未具备自己产生抗体的能力，无法应对遇到的微生物，它们需要通过卵黄或初乳从母体获得母源抗体。如果小动物刚出生就与自己的母亲分离，没有得到这些抗体，之后也没有得到妥善照料，那么它们患肠道、呼吸道和其他疾病的风险便会大幅升高。另外，某些疾病会抑制动物产生免疫应答。有些纯种牛、纯种犬还有纯种猫，天生就没有正常的胸腺；有些人、猫、水貂和虎鲸体内的白细胞不能有效地对抗微生物。有些药物（如类固醇或抗癌药物）也会抑制动物产生免疫应答。

有时，动物的身体无法判断应该对抗的感染。免疫系统需要区分哪些是安全的细胞，哪些是危险的感染细胞，否则身体将不断与自体细胞、有益微生物还有吃下去的食物做无谓的斗争。但是，这也给了微生物和癌细胞一个避免被免疫应答发现的机会：比如为了避免激活免疫应答，某些病毒会延迟或暂停繁殖。这使得某些传染病或癌细胞在动物体内长期潜伏，不呈现任何疾病的临床症状，有时甚至能够持续潜伏多年，直至最终在动物全身扩散开来或感染其他动物。这引发了一个难题——如何确定动物患者的隔离时间。

随着免疫次数的增加，免疫系统每次遇到特定的微生物，都能更好地识别它们并展开对抗，这个过程可以描述为对疾病“产生免疫力”。缺乏实战经验的动物个体可能需要一段时间才能对从未接触过的微生物产生免疫应答。不过当身体熟悉某类微生物之后，免疫系统会提高快速识别它们的能力。具体而言，免疫系统会更善于识别这些微生物表面特定的分子，如被抗体附着的分子。免疫系统的这种待命状态意味着动物并不需要储备大量抗体，也不需要一直动员所有免疫细胞，因为这样会消耗大量的体内资源，而且所有这些抗体本身也会对身体产生影响甚至引发疾病。相反，人类和动物的身体通常只储备少量抗体，只要有常见的病原微生物入侵体内，抗体随时就会做好启动、繁殖和攻击的准备。

不过，微生物也有自己的对策来反击免疫系统。微生物种类繁多，每一种都有不同的分子特征，所以人类和动物会对某一种微生物产生抵抗力，但对其他种类却毫无招架之力。还有些微生物会改变自己的化学结构，让免疫系统无法识别到自己。例如，世界上有 2 500 多种不同类型的沙门菌，我们不可能对所有的沙门菌都产生免疫，而且某些类型的沙门菌有许多不同的细胞表面分子基因，在不同的感染过程中会产生千变万化的表面分子，令免疫系统应接不暇。此外，锥虫这种寄生虫也有类似的变化。感染锥虫的患者不得不对多种类型的感染反复产生免疫应答，导致有毒副产物不断积聚，最终致使患者昏睡不醒，因此这种疾病也被称为“昏睡病”。流感病毒甚至可以产生基因突变，只需稍微改变细胞表面的分子，就能形成致命的新毒株，传播人流感、禽流感和猪流感。

有些微生物会想尽办法阻止免疫系统的攻击。狂犬病毒在向大脑转移的过程中（每天可转移 1 厘米）会隐藏在神经组织中。分枝杆菌和弓形虫虽然会被白细胞吞噬，但可以阻止后者杀死和消化自己。鼠疫杆菌能减少患者的免疫应答，并能存活在一些白细胞和淋巴结中。还有些微生物会通过各种途径削弱人类和动物的免疫系统，如麻疹、犬瘟热、非洲猪瘟、猪繁殖和呼吸综合征，以及在牛、猫、美洲狮、猴子、人类以及马、绵羊和山羊的相关疾病中发现的一组免疫缺陷病毒。最终结果是患有这些疾病的动物可能会死于继发感染，因为它们的免疫系统功能患病后不断衰退，无法应对病原微生物。

某些疾病还会改变动物对其做出的应答，从而加速感染传播。弓形虫和加州吸虫虽是体型微小的寄生虫，却会导致受感染的啮齿动物和鳉鱼表现异常，让猫和鸟能更容易地捕食它们并相继感染。狂犬病毒会让一些动物——比如典型的“疯狗”——变得更具攻击性，它们会去撕咬其他动物，继续传播疾病。鼠疫杆菌则会堵塞跳蚤的消化道，使它们无法吸出血液，并将带有细菌的血液反吐出来，流回动物体内，造成感染。老鼠能够感染一种病毒，这种病毒会使受感染细胞迅速繁殖，就像癌症一样，从而增加病毒数量并传播给幼鼠。

动物物种和微生物菌株都在不断进化，双方的博弈也在不断升级。这就解释了野生动物也不能拥有完美健康体魄的原因——虽然动物在进化，但是微生物同样也在进化。动物身体如何对新的病毒变种做出反应，取决于微生物的进化速度和感染面积，以及动物免疫系统是否功能良好。如果微生物发生重大变异，则很可能会导致禽流感、猪流感和人流感等流行病肆虐。有的时候，促使这些变异产生的原因是微生物可以共享基因，这就使其他微生物也具有了抗击动物免疫应答的能力。

然而，微生物和寄生虫其实并不想赢得这场军备竞赛。如果寄生虫对宿主只造成有限度的损害，即只从宿主体内摄取自己所需的营养，并将自己传染到其他动物身上，那么这些寄生虫便能存活更久，传播更广。若微生物杀死宿主的速度太快，那么在动物死亡之前，它们就没有充裕的时间将疾病传染给其他动物；若微生物杀死所有的潜在宿主，它们自己也会死掉。以上任何一种“胜利”对微生物都得不偿失。微生物和寄生虫常常与其原始宿主一同进化，并达到双方均不会完全获胜的平衡状态。这表明，本土动物会具有其他地区的动物所缺乏的免疫力，如西非当地的恩达玛牛就能够抵抗锥虫叮咬。众所周知，一旦这种平衡遭到破坏，就会引发重大疫情，比如当动物遇到了以前从未接触过的微生物，或由于压力过大导致自身免疫系统遭到破坏时，紧随其后的往往就是疫情的暴发。

再谈动物医学

各种动物在疾病和健康方面有诸多相似之处，但患病的动物不同，所享受的医疗待遇也千差万别。与多数肉鸡、褐鼠、红眼树蛙或斑马鱼相比，人类及其备受宠爱的宠物通常能得到更好的治疗。对不同动物患者的区别对待，部分原因是兽医学家对各种动物的不同治疗方式的认知程度不同；同时，这种区别对待反而又进一步加大了他们对动物治疗方式的认知差距。普通人对某些动物（如狗）的了解远多于其他动物（如红眼树蛙）。但是，科学家们收集的关于大鼠、小鼠和斑马鱼的数据恐怕要比大多数其他动物都要多。

另一个差异是花在不同患病动物身上的治疗费用不同。对于商业农场主来说，许多农场动物的经济价值非常低，完全不值得花费大量资金为它们治病。人们一般愿意花更多钱来医治自己的狗、马或医治自己，而不是医治啮齿动物、鸟类和鱼类。不同的人对待动物的方式也截然不同。有的主人愿意为自己的宠物慷慨解囊，哪怕只是宠物鼠或宠物鸟；有的主人养的猫生病了，却不肯花一分钱。有的农场主甚至愿意承担每只动物的“个性化治疗”费用，对于某些稀有动物品种更是一掷千金。归根结底，动物所接受的医疗通常取决于它自身的种类。

毫无疑问，人类与动物之间存在着巨大的医疗差距。在英国，兽药约占药品销售总额的1%，其余都是人用药品。虽然英国政府每年为全民提供的免费医疗服务价值超过了1 000亿英镑，但为动物提供的慈善服务费用远远不到这一数字的

1%。疾病研究方面的情况与此相类似，与人类疾病研究相比，兽医学研究获得的拨款极少，而且有限的资金在所有动物研究中分配得也不够均衡。这里再次强调一下，人类与动物之间的这种区别，并不是说所有人都能够得到比动物更好的治疗，尤其是从国际视角来看。

人类医学与兽医学的另一个区别体现在临床医生与患者之间的关系方面。绝大多数动物都不是自愿接受治疗的（虽然有的动物患者似乎很喜欢自己的医生）。它们不会开口讲述自己的病史（有的动物会使用信号语言，并且动物的行为一般都能表现出某些症状）。动物也不会掏出钱来支付医疗费用（虽然对于农场动物而言，它们已经靠“生产力”换来的钱负担了自己的医疗费）。患病动物并不愿意接受治疗（虽然某些实验动物接受过训练，会配合做一些小手术），也不乐意遵照兽医处方吃药治病（尽管许多动物会自我治疗）。

家畜需要主人帮忙才能完成上述诊疗过程。主人要能够识别出动物所患疾病的症状，确保它们能够得到相应的治疗，并且能负担治疗所需的时间、精力和金钱。与此同时，主人还需要处理好其他方面的经济压力或优先事项，尤其在商业性农场、动物园和实验室里。除此之外，在情感方面，主人要能够将动物们的幸福置于自己的心理满足之上。这对主人的责任心要求很高，同时也给兽医实践带来诸多困难。有的主人可能会延误治疗，有的甚至干脆不向兽医寻求帮助，他们还可能拒绝为动物提供资助，或不遵守兽医给的治疗建议。此类做法常常会令兽医陷入两难境地。

在许多文化中，成年病人都可以参与决定自己的治疗过程，选择接受哪种治疗，或不接受哪种治疗，这通常被当作病人的基本权利。对于无法理解人类医学的动物患者来说，医疗权利这个概念似乎毫无意义，它们往往只想逃离医院这一陌生环境。因此，兽医学的治疗要以实现动物患者利益的最大化为目标。兽医在治疗动物之前通常要征得主人的同意，因为动物是主人的财产。但从伦理层面来说，即使出于以上原因，我们也不应该袖手旁观，任凭主人让自己的动物遭受痛苦。在某些情况下，动物的健康问题恰恰是因主人饲养不当或治疗失误造成的。如果动物足够幸运，它们越健康便越能得到主人的喜爱，不过兽医可能会左右为难，因为有些主人也许并不想为动物提供最好的治疗。

即使遇到非常细心的动物主人，兽医也必须应对各种挑战，因为动物患者和人类患者有着显著的不同。兽医无法用语言询问动物哪里不舒服或哪里痛，也就无法通过问诊更好地诊断病情。他们无法向动物询问它们此前的生活方式或病史，无法探究病症的原因。兽医无法向动物们传递信息，帮助它们了解自己正在接受的治疗，给它们带来治愈的希望。患病的动物也会感到非常痛苦，因为它们既不明白自己为什么被关在医院里，接受令它们不愉快的治疗，也没有被给予身体康复的希望。在某些情况下，这可能会导致动物抗拒治疗，甚至产生一定的攻击性。当然，人类患者在接受治疗时也会出现类似的情况，但发生概率与动物患者相比显然要低一些。

兽医学和人类儿科医学之间也许更为相似，更能为兽医学提供参考，虽然这种比较或许会令不少医学研究人员和医生们瞠目结舌。患儿同样不能开口说清自己的病症，也理解不了医生的建议。直至前不久，还有很多人认为婴儿的痛感比成年人更弱，因此他们不需要使用止痛药。但是最近的研究证据表明，实际上正是因为人类婴儿或动物幼崽的神经尚未发育成熟，所以他们的疼痛感受才更为强烈。婴儿的就诊完全依靠父母，只有父母与医生进行沟通，才能确保为他们选用最为安全有效的治疗方案，并且父母还要在家中遵照医嘱照顾好自己的孩子。倘若父母不能很好地承担起这些责任，就只能祈祷他们不会乱做选择，至少能为孩子们选择最好的治疗方式。儿科医学的成熟发展为兽医、动物主人以及动物患者三者之间的关系树立了典范。

实际上在做这种比较时，人类医学与兽医学在伦理层面上的差异也应当受到重视。首先，兽医必须在对动物患者负责和对人类负责之间做出权衡，而人类医生对动物通常极少负责，甚至不用负责。

第三章

治病疗伤

03

发现病症

兽医学中的重要一环是帮助那些生病、受伤或残疾的动物恢复健康。第一步通常是要找出它们患有何种病症。在此过程中，兽医会对患病动物的身体和行为进行诊断，确认哪些属于异常现象，哪些属于正常情况。

这样做主要是为了全面掌握患病动物的病情，确立最佳治疗方案。同时，这也有助于预测动物的健康状况是否会好转或恶化。找到个别患病动物的问题，也可以为同一兽群或同一物种的其他动物提供治疗帮助，保护它们免受类似疾病的侵扰。实际上，有时候临床兽医和研究人员只有在动物死后才能查明它们的病因，但这将有助于救助其他动物。兽医学家在实际的治疗过程中，还必须设法为患病动物的主人排忧解难。例如，动物繁殖力低、粪便失禁、攻击性强等病情都可能使动物主人备受困扰。另外，动物患者的主人心中可能已经有了预期的特定治疗效果，期望兽医能够为他们实现。

动物主人和饲养员也可以提供一些有价值的信息，与兽医本人的观察记录和实验室检验结果一并作为诊疗的参考。兽医需要了解每种动物的解剖结构、生理机能和行为特征，尤其是这些特征随着时间的推移而可能发生的变化。兽医还需要掌握关于动物数量分布、生存环境、饲养管理和生活方式的背景信息，特别是在特定品种的动物中较为常见的病症（如遗传性疾病）、与年龄相关的病症（如骨关节炎）以及与养殖体系相关的病症（如笼养蛋鸡骨质疏松症）。除此之外，还需要调查患病动物的其他同类或其附近的动物是否也受到疾病的侵袭，以及采取了哪些控制措施进行应对（如检疫、牧场管理和配种前检查），尤其是针对中毒的动物，以及身患营养疾病、感染病或遗传病的动物。

兽医调动各种感官来了解动物患者的相关信息，进而判断其身体状态（图 6）。兽医看到鸟儿竖起羽毛，会推测其是否受到了惊吓；看到马的行动不协调，会推测其是否跛脚；

听到猪棚里咳嗽声不断，或触摸到动物体内脂肪过多、脉搏过快，也应及时注意。此外，如果动物患有糖尿病，兽医也能从它们的气息中嗅到皮肤酵母菌感染或酮类物质的难闻气味。理论上，兽医甚至可以在糖尿病动物的尿液中尝到糖的甜味——不过，对于大多数拿普通薪水的兽医来说，这么做可不值得。远距离观察有助于兽医对动物的行为和举止进行评估，因为动物会因人类的接近而产生应激反应，或把人类视为捕食者而试图伪装成没有生病、十分健壮的样子。如果动物并没有因为人类靠近而跑开，兽医就可以从头到尾仔细检查一番，观察动物身体有无异常之处。通过观察和相应的处理，我们还能根据患病动物对人类所做出的反应进行判断：如果一只野生动物对人类的接近无动于衷，则表明它可能患有比较严重的疾病，因为在大多数情况下，野生动物见到人类就会迅速逃跑。

从一定意义上来说，所有的动物医治工作都具有科学性。兽医在行医实践中通过细致观察，借助实验室技术和科学理论来评估动物身体特定部位或生物学过程的形式和功能，从而收集数据，验证动物患病原因的各种假设。但与此同时，兽医也需要把每只患病动物看作单独的个体、把成群饲养的动物视作相互关联的一个畜群整体来考量。

图 6　兽医调动各种感官获取相关信息，进而判断动物身体状态

深入检查

在完成初步观察的基础上，兽医学家可以进一步对动物进行各种深入的检查。可以给患病动物喂一些食物和水，通过观察它们对进食和饮水的渴求度来评估其食欲状态和口渴程度。可以按压或移动动物的某些身体部位，来判断它们身上哪里受了伤。例如，利用棍子抬起牛的腹部，观察它是否会因为疼痛而哞哞叫。还可以通过刺激动物的感官来测试它

们的反应能力，检查它们的神经、感觉器官以及大脑运转是否正常。例如，对某些物种来说，当光线照射进一只眼睛，两个瞳孔通常会同时收缩。如果被照射的瞳孔没有收缩，则表明这只眼睛的结构、视网膜、神经或肌肉组织可能出现了问题；如果另一个瞳孔没有收缩，则表明其中一只眼睛或两只眼睛之间的神经可能出现了问题。

除此之外，兽医也会对动物体内进行视诊或听诊。动物外科医生可以打开动物的腹腔，切开动物的关节，或使用不同的“镜”来查看它们眼球、耳朵、气道、肠道、关节和腹腔内部的具体情况。兽医影像设备能够显示不同肌体组织或注入体内的药物如何阻断、反射或发射各种电磁波和声波。如图 7 所示，兽医可以利用多种工具生成动物的解剖学、生理学或病理学图像。形成的图像可以显示组织的数量、大小、位置、形状、边缘和外观上的异常。例如，X 射线虽然不能穿透完好的骨骼，但是能够穿透骨裂的缝隙；相比于硬实的身体组织，积液囊肿反射的超声波更少。兽医也会在动物身上运用许多听起来复杂的人类医学技术，如计算机体层成像（CT）、磁共振成像（MRI）和正电子发射断层成像（PET）等，辅助诊断动物的病症。

还有一些检测能够对动物的特定器官进行功能评估。X射线影像视频可以显示动物吞咽时喉部的细微动作，超声视频可以显示动物心脏跳动的具体状态，甚至血液的流动情况。例如，当血液流经心脏间隙或心脏瓣膜漏血时，图像上会呈现相应的变化。向患有骨癌、骨折或炎症的动物体内注射放射性原子时，它们会被有主动修复功能的骨骼所吸收。各种记录仪可以用来监测动物心脏的肌肉或神经组织释放的电信号。通过测量动物眼球所能够承受的压力，或测量阻断局部动脉所需的力度，可以测量出动物的眼压或血压。

可以借助显微镜检验动物的粪便、尿液样本以及采样拭子，找出其中的微生物或寄生虫（或虫卵）。也可以培养一些微生物，检测分析这些微生物属于什么种类，哪种抗生素可以抑制它们继续生长（至少在培养皿中这样做是可行的，但并不一定意味着在活体动物身上也能奏效）。还有一些检测技术可以辅助识别微生物的DNA（脱氧核糖核酸）或其他分子结构，这对检测病毒、分枝杆菌和厌氧菌尤其有效，这些致病菌都很难在动物体外生长。例如，牛结节疹可能是由痘病毒、疱疹病毒或真菌感染所导致的。有的病毒会比其他病毒更为凶险，要破译究竟是哪种病毒引发疾病，就需要在显微镜下对细胞做进一步检验。这些检验有时只能在动物死亡后进行;例如,兽医只有对动物的脑组织样本进行化验之后,才能最终确认它们生前是否患有狂犬病或羊瘙痒病。

通常,使用特定的染色剂对动物细胞和结构进行染色后,兽医学家可通过显微镜观察组织样本,进而判定这些细胞和结构是否正常。如果出现大量的炎症细胞,则表明动物体内可能有感染或身体受损,也可能是出现了过敏反应,或身体正在排斥体内的自身细胞。如果观察到大量异常细胞或正在生长的细胞,则意味着动物体内可能有损伤或患了癌症。如果血细胞数量或形态出现异常,则表明动物可能患有贫血、感染、压力疾病或血癌。兽医学家也可以对动物的精子和卵子进行检测,确认它们是否活跃。检测雌性动物阴道内的细胞,就能了解它们正处于生殖周期中的哪个阶段。检测牛奶中的细胞是否出现异常,可以判定奶牛的乳房是否有感染的情况发生。

兽医学家可以通过化验动物血液、膀胱、脊髓或关节中的体液所含的生物化学成分,对各个器官的功能状况进行评

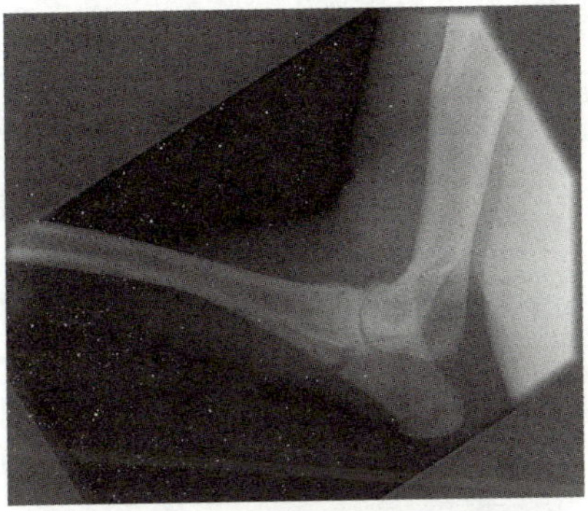

（a）X 射线摄影

（b）热红外成像

图 7　利用多种工具生成动物的解剖学、生理学或病理学图像

估。化学检验可以测量动物体内矿物质、激素、代谢副产物或受损细胞产生的化学物质的含量，用这些数据来判断动物是否健康。将来，随着我们对疾病发生的基本原理的深入了解，我们一定能够识别更多新的化学指标。当动物身体出现问题时，这些化学指标能够更及时、更详尽地向我们发出疾病的警告信息。

兽医学家还可以对动物基因进行筛查。在不久的未来，随着兽医学掌握的常见家畜遗传特征越来越多，基因检测将变得尤为重要。检测动物基因并不是一件新鲜事——半个多世纪以来，科学家们已经在动物身上发现了各种异常的、缺失的或多余的染色体（如猫体内多余的 X 染色体与克氏综合征相关）。各种动物的基因组图谱正陆续被人们绘制出来（如 2002 年，鼠类基因组图谱问世；2005 年，犬类基因组图谱出炉），近期的关键进展是观察特定的基因序列，看它们是否会丢失、增加或发生变异，以及它们是否与某些特定的疾病具有相关性。大多数疾病受遗传和环境两方面因素的影响，每种动物身上都有大量基因使它们自身及其家族成员更容易罹患某方面的特定疾病。对此类高风险致病基因的筛查工作的自动化程度越来越高，同时检测速度越来越快，检测成本也越来越低。

兽医对数字数据的应用也愈加广泛。兽医不仅可以使用全球定位系统追踪动物的活动轨迹（如跟踪野生动物），还可以通过计步器观察动物活动的变化（如在奶牛的繁殖周期期间），也可以将微芯片植入动物体内进行生物学检测。还可以利用专业仪器测量牛奶的电导率，这有助于尽早发现母牛乳房感染的迹象。随着电子信息技术的不断成熟，互联网医疗服务不断拓展，家庭自检和现场测试也变得越来越普遍。养鸽人可以把鸽子的粪便样本直接寄送到兽医实验室进行检测；狗的主人可以在家给狗使用尿检试剂盒，之后将检测结果拍摄照片发送给相关机构进行分析。然而，如果习惯了这种问诊方式，动物主人很可能不经兽医诊断便将样本或图像随意送到实验室，这种行为暗藏着极大的风险：这可能会导致那些根本不具备基本专业知识的动物主人对检测结果产生错误的判断，或忽略动物身上其他需要考虑的关键体征。

治病疗伤

仅分辨出动物身上的病症是远远不够的，因为最终的目标是治病疗伤，包括彻底治愈动物（如通过手术清除肠梗阻），以及延缓、逆转病情（如缝合伤口以促进愈合，缩小部分肿瘤）。另外，治疗还包括减轻动物们的不适症状，降低疾病对它们身体造成的伤害（如使用止痛药、止痒药和抗焦虑药）。能够治愈所有的动物当然是极好的，但是通过其他方式改善动物的生活质量，也是兽医学的重要组成部分。近年来，兽医学家在这方面也取得了一些关键性进展（如就疼痛管理问题出台了协定书等）。例如，化疗有一定概率能完全治愈癌症，即便不能彻底消灭癌细胞，也可以减缓癌细胞的生长速度，哪怕只是缩减肿瘤大小，也可以让动物活得更舒服一些。

兽医的治疗方式多种多样。有些治疗原理是去除致病的罪魁祸首（如卡在动物气道、肠道或膀胱中的脓肿或异物），也有些治疗原理是替代动物自身的部分功能（如给胰岛素分泌不足的动物人工注射胰岛素）。一些动物的外科手术方式如图 8 所示。在患病动物自行康复的过程中，兽医也能给予它们帮助（如给动物固定骨折的部位或包扎皮肤伤口，促进受伤的部位自然愈合）。很多时候，兽医要顺应动物的反应进行治疗（如许多抗生素只需减缓细菌繁殖的速度，动物自身免疫系统就能够伺机恢复，重新树立强大的保护屏障）。不过，也有少数治疗原理是抑制动物在发病时产生的反应，如用类固醇和止痛药来抑制动物的免疫系统，延缓伤口的发炎过程，减轻动物对疼痛的反应。

兽医治疗有多种方式。药物治疗直接让药物作用在受伤部位（如动物皮肤上或关节内），或使药效辐射到动物全身（如把药物注射到血液中，或经口腔、直肠给药）。手术治疗是摘除、修复动物身上的病变组织（包括从缝合小伤口到肾脏移植等一系列兽医手术）。建议治疗是兽医向动物主人提供建议，督促他们改进照顾动物的方式（如让动物更多接触紫外线、为它们提供更加健康的饮食、给它们治疗恐惧症等）。针对不同的患病动物，兽医通常会结合多种治疗方式给予它们照料。例如，兽医会在手术前后给患腹绞痛的马使用止痛药和其他药物，后续则需要马主人悉心喂养，从而将再次发生肠道问题的可能性降到最低。

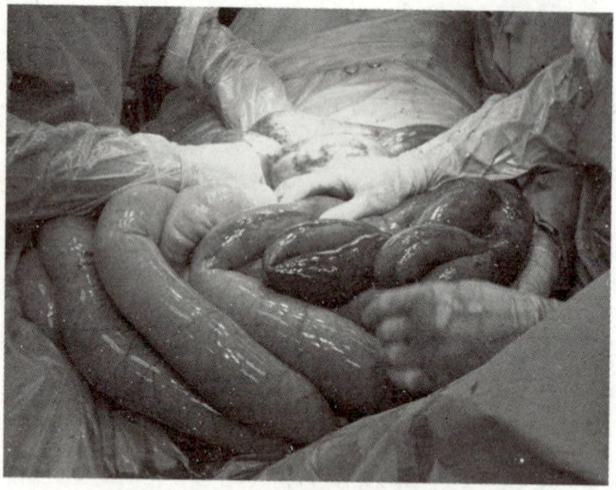

（a）肠绞痛手术

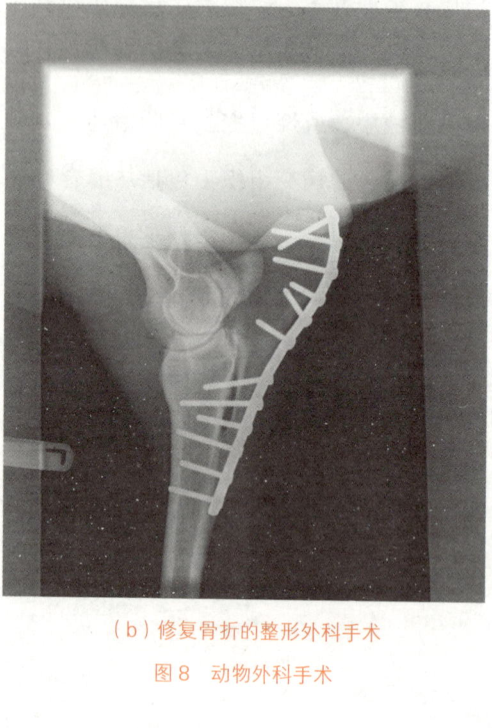

（b）修复骨折的整形外科手术

图 8　动物外科手术

兽医也同人类医学领域一样，在芳香疗法、顺势疗法、水晶疗法等治疗方法是否有效等问题上存在着激烈争论和诸多怀疑。当前的一个争论焦点是，哪怕已经有证据表明顺势疗法很可能无效，兽医这一根植于深厚科学基础之上的行业是否也可以在临床上尝试一下呢？当然，无论这些替代疗法有无积极疗效，兽医都应该首先确保采用的这些治疗方法至少对动物本身是无害的，要避免对它们使用任何可能有毒的制品。而且，尝试这些替代疗法绝不意味着不给动物实施那些已得到可靠证实的常规疗法。因此，这些眼花缭乱的方法始终应该作为“补充性疗法”而非“替代疗法”，而且应该始终在兽医的指导下慎重采用。更令人担忧的是还有人对动物身体施以粗暴的体罚（如佩戴电击项圈和实施鞭打），或严格限制动物的活动自由（如给马佩戴过紧的鼻羁[①]）。这些残忍的做法常以“支配理论”等过时的概念作为借口肆意妄为。

近几十年来，兽医学在诸如癌症治疗、家兔医学和畜群动物健康改善方面都取得了长足进步。继人类医学之后，兽医学家也有望看到基因治疗取得新的进展，通过有效编辑动物细胞，让动物更加健康地成长，未来还会看到动物“心理

① 目的是通过攻击性力量实现马颈部的弯曲。——译者注

治疗”领域的不断进步。学界最新的设想是“以菌治菌”，比如将一种名为蛭弧菌的细菌注入动物患者体内，利用这种菌“吃掉”鸡体内的沙门菌、治疗牛结膜炎、杀死斑马鱼体内的志贺菌。这种菌似乎同时还能刺激动物自身的免疫系统，使其主动抵御外来入侵细菌。

然而，兽医学在某些方面的发展仍然举步维艰。例如，虽然有许多治疗方法可以帮助动物减轻疼痛，抑制骨关节炎的蔓延速度，但始终没有任何一种有效疗法可以完全逆转哪个物种的病情恶化或关节功能退化趋势。又如，在大型动物多条腿骨折的情况下，现有医疗技术无法人道地帮助它们完全修复断腿，因为这类动物依靠四条腿才能站立。此外，随着越来越多不常见的动物（如鸵鸟）被农场引进，以及各种各样的新奇异宠（如壁虎）被当作宠物饲养，兽医学家也需要与时俱进，掌握更多有关这类动物的知识。

适得其反

虽然各种治疗的初衷都是为了让动物的身体状态变得更好，但治疗往往潜藏着意想不到的副作用，夹杂着各种风险。其中一些治疗手段会让动物感到十分不适。例如，手术会造成疼痛，化疗会引起恶心，动物在被转运或在医院收容时会产生恐惧、孤独的心理。有些副作用会导致动物的身体反应能力降低。实际上，使用退烧药会破坏动物身体应对感染的自然恢复进程；使用化疗、激素和抗癫痫药物可能会减少动物体内的白细胞数量；使用镇静剂则会妨碍动物在受到惊吓时做出本能反应。还有一些治疗方式的副作用会导致动物身体出现其他健康问题。药物可能会引起动物的过敏反应，甚至住院治疗期间也有可能被耐药细菌等微生物传染致病。

相比之下，以下这些风险就没那么直观。当人们投入大量时间为动物进行各种化验，试图寻根究底、找出病症时，很可能会不知不觉延误最佳治疗时机。另外，如果动物主人在治疗初期花费过多，很可能导致他们无力负担后续疗效更大的治疗开销。事实上，所谓生命拯救治疗或“临终关怀式”姑息治疗，大概率意味着让宠物继续忍受痛苦，或将野生动物放归野外，任由它们承受饥饿考验。近年来，兽医学家已在动物姑息治疗方面取得了一些进展，能够为患病动物减少许多痛苦。然而，当这种治疗方案并不能帮助动物完全回归正常、无痛的生活时，就会引发动物伦理问题。

兽医通常会给动物做一些辅助治疗，以减少常规治疗的副作用。止吐药可以缓解动物在化疗过程中的恶心症状。镇静剂、麻醉药和止痛药可以帮助动物在转运和手术的过程中舒缓压力，减轻痛感，并降低误伤人类的风险（图9）。近年来，农场主和兽医们逐渐对这些药物的功效有了深入了解，同时也更乐于使用这些药物为动物们治疗。当然，那些为减少副作用而使用的药物，也可能带来额外的副作用。例如，麻醉剂会让动物感到不适，而且之后极有可能导致其他损伤（如马被麻醉后，如果试图摇摇晃晃地站起来，它的腿部很可能会受伤）。有些止痛药还会导致个别动物呼吸不畅或出现肾脏问题。因此，兽医需要谨慎选择治疗方法，并正确实施救治。

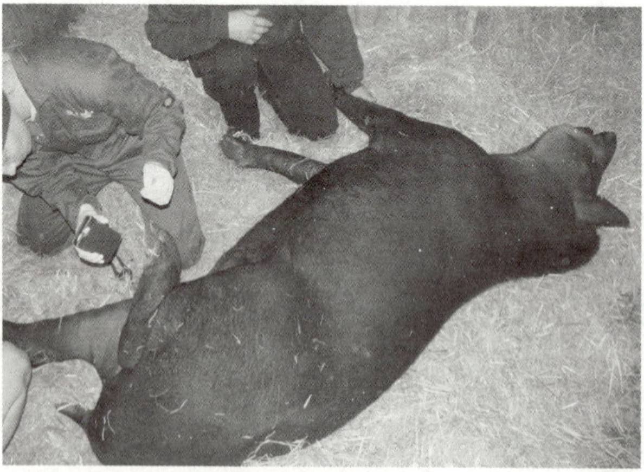

图9　一只被麻醉的貘

毫无疑问，有些治疗方法根本不应该被采用，因为这些治疗方法带来的风险远远超出给动物带来的益处（尽管这可能对动物主人来说颇为有益）。将动物的利爪剪掉、声带切除，或将耳朵、尾巴割掉，会让它们更好养活，或外观看起来更温顺可人，但这会给动物带来极大的痛苦，甚至妨碍它们进行正常活动。使用激素、药物和手术治疗可能会提高马和其他家畜的繁殖率，提升它们的奔跑速度、肌肉力量等竞争力，但是却会给它们带来难以忍受的疼痛，打乱它们自身的新陈代谢节奏。为病入膏肓的宠物延续生命（哪怕只是稍微延长一点时间），宠物主人就能避免（或更准确地说是推迟）痛失爱宠的打击，但这却会给宠物带来无尽的折磨。实验性治疗虽然有助于推动兽医学不断进步，但却以牺牲实验动物个体的福祉为代价。而且，根据一些国家的规定，某些治疗方法可能被认定是非法或不道德的。总而言之，在不同情况下，兽医需要自主判断哪种治疗方法才是对患病动物有利无害的。

兽医需要对治疗的预期疗效和潜在危害进行利弊权衡，当医疗干预伴随着医疗风险时，要能清楚地研判何时干预利大于弊。要做到这一点，需要依赖兽医学提供的坚实依据，基于科学信息才能做出正确决策。除此之外，兽医需要和同样具有同理心和同情心的动物主人进行沟通，只有这样才能充分掌握每只患病动物的背景信息，以此预判动物在不同的治疗方案下将做出何种反应，以及它们在治疗过程中会有怎样的体验。

合理治疗

兽医需要进一步将大量的科学数据转化为临床决策。科学研究关注的重点是种群中发生的特殊情况，但是在特定的种群中，每只患病动物均是独立个体。不同的动物虽然症状相似，但所患疾病却不尽相同。如果某只动物出现了神经系统方面的问题，那么兽医不仅需要考虑它患上癫痫、脑瘤、肝脏或肾脏等疾病的可能，也要考虑是否由药物反应、脑膜炎或羊瘙痒病等疾病所导致。此外，针对不同动物制定的最佳治疗方案还需要考虑动物的年龄、身体状况、性格表现、是否患有其他疾病、是否受孕等因素。临床兽医还需要斟酌考虑各种相互牵制的因素。例如，止痛药有时会损害动物的肾脏功能，此时兽医不仅要考量动物是否能承受得住疼痛，还要考虑止痛药剂量是否会危害动物的肾脏健康，最终确定与帮助动物止痛相比，造成肾衰竭的风险是否更高。这并非要求兽医不能给动物使用任何止痛药，而是提醒兽医要谨慎用药。兽医还需要仔细计算药物剂量，为动物个体制定专属的诊疗方案，尤其是体型小、年幼或已经患病的动物，因为它们很容易用药过量。化疗药物通常伴有严重的急性副作用，会使动物产生药物剂量依赖性，因此兽医学家有时会根据患病动物的体表面积来计算用药剂量。麻醉剂一旦过量便可能导致动物丧命；而剂量不足则可能导致动物在手术进行时醒来并疼痛不已。因此麻醉师会缓慢地将麻醉剂注射到动物体内，直至动物完全失去意识，然后减少剂量让它们保持昏睡状态，不过也不能让动物睡得太沉、太久。兽医也可以对动物体内的血药浓度或药物作用表现（如心率变化）进行实时监测，一旦达到适度剂量，或看到动物身体开始出现副作用的症状时便及时停止用药。在很多奶牛场，牛奶分析仪可通过计算机与自动投喂系统或挤奶系统联网，根据牛奶数据分析结果自动进行相应的操作。

也许将来会出现一种定制治疗的新型方式，让动物们自己选择用什么药。人们已经发现，许多野生动物似乎都会主动去吃一些有助于对抗微生物或寄生虫的植物，瘸腿的小鸡则会有意去啄食止痛药，小鼠在紧张状态下会进食安定类药物，还有许多动物似乎天生具备某种能力，可以挑选出满足它们某种特定营养需求的食物。当然，如果使用定制治疗，兽医自始至终都应该确保动物不会误食有毒的药物或植物，而且既不会偏食导致营养缺乏，也不会暴食导致营养过剩。动物由于缺钙、肥胖和代谢问题而引发疾病的现象十分普遍，因此这一新型疗法的风险显而易见。

兽医学仅仅为我们提供了动物种群内部的概率数据作为参考，在医疗实践中，偶然因素可能还是会给临床医疗带来许多变数。有的检查即便可以识别出 90% 的患病动物案例，在某些情况下也仍然可能会出现偏差。科学研究表明，从统计数据来看，50% 的动物在接受某项脑部手术后能够存活下来，但这并不能确保接受该手术的某一动物个体一定能够存活。兽医永远都在预测康复概率，评估对应的危害和风险，经过权衡做出治疗决定。细细想来，在当时看似正确的决定，却有可能最终对一些动物个体造成不幸的伤害，但即使结果令人遗憾，也并不意味着兽医当时做出了错误的治疗决定。

第四章
精益求精

04

追根溯源

预防胜于治疗，许多明察善断的非兽医人士都赞同这个观点。如果压根没有生病，就能避免确诊和治疗过程所带来的所有痛苦。因此，大量的兽医学研究都试图找出问题的根源，以便解决病因，尽早遏制疾病的发展进程。对兽医学而言，预防疾病的关键是那些与动物生活环境、基因、饮食、以往的身体状况和先前接受的治疗相关的因素。

动物有可能直接受到其他动物传染而生病。传染性疾病可通过接触传播（如癣和虱子）、性传播（如布鲁氏菌病和犬的性传播肿瘤）或咬伤传播（如狂犬病和袋獾面部肿瘤病）。动物还可能将遗传疾病（如凝血障碍和不健康的体型）或将来易患某类疾病（如羊瘙痒症和肥胖症）的基因遗传给后代。

越来越多的兽医学研究结果证实，怀孕的动物和人类孕妇一样，都可能会因为压力过大、生病、中毒或饥饿导致后代发育不良、生病，或出现各种先天性代谢、心理或行为问题。其他一些疾病则可以通过胎盘、乳汁（如奶牛结核病）或蛋（如可导致家禽呼吸道疾病、鼻窦炎、跛行或死亡的支原体病）等进行垂直传播。

有些疾病通过昆虫、蜱虫、蜗牛或软体动物等无脊椎动物传播。蜱虫通过叮咬狗、马和人类来传播疏螺旋体，鹿、啮齿动物、鸟类和蜥蜴等也可能成为蜱虫的宿主，但它们自身的感染症状通常不严重。在撒哈拉以南的非洲地区、马达加斯加和阿拉伯半岛，蚊子会在奶牛、水牛、山羊、绵羊和骆驼之间传播裂谷热病毒，白蛉则会在狗、人类以及其他动物之间散播利什曼原虫。采采蝇和猎蝽会在撒哈拉以南的非洲地区的人类、奶牛和山羊之间以及美洲的人类、狗和负鼠之间传播锥虫。无脊椎动物也会引起非传染性疾病，如跳蚤或蚊虫叮咬会导致动物身体过敏。

动物也会因生活环境恶劣而生病或受伤。环境中的化学物质、炎热天气或极端天气以及危险物体（如汽车）有可能会导致动物出现烧伤、过敏、受伤、中暑或体温过低的情况。凶险的环境会使动物恐惧或长期焦虑，单调的生活环境可能导致动物出现重复行为，这是精神健康障碍或习得性无助的典型行为特征。有些微生物通过宿主打喷嚏或咳嗽产生的飞沫悬浮在空气中，被其他动物吸入后导致感染（中世纪的瘴气学说并不是毫无道理）。许多引起肠胃炎的微生物或寄生虫卵会附着在肮脏的物品表面、床铺、房屋、农场和医院设备、饲料槽或碗中，它们甚至会在兽医身上存活一定的时间。

有些生命力顽强的微生物，例如细小病毒，在被感染的动物死亡后还能存活很长时间，很多消毒剂对它们都无计可施。有一些生存在自然环境中的微生物，它们对环境无害，但有时会感染动物。破伤风细菌一般在土壤中生存（进入动物的肠道中或附着在皮肤表面都不致病），但能通过伤口进入动物体内造成感染。曲霉和肉毒杆菌在腐烂的植物中生存是无害的，但被牛、马、狗或鸟类吸入或食用就会致病。曲霉可使从未在海上接触过这种真菌的海鸟患上严重疾病，而肉毒杆菌则能导致鸭子严重感染，甚至能使数以万计的鸟类死亡（严重暴发时可造成上百万只鸟死亡）。

不当饮食会导致动物出现一系列身体和心理健康问题。就动物的生活方式而言，错误饮食过多或正确饮食过少都会导致肥胖、饥饿、营养缺乏或中毒等问题。粗饲料不足会导致动物消化不良，动物的牙齿也需要通过咀嚼粗饲料进行研磨，防止过度生长。被其他动物的粪便、尿液、流产胎儿、胎衣或羊水污染的食物也会传播有害微生物。哺乳动物的幼崽（以及任何年龄的人类）可能会因为饮用受污染的奶而生病。食肉动物和杂食动物会因吃到带有寄生虫的啮齿动物或无脊椎动物的肉而被感染，食草动物也可能会误食这类食物。有时候农场主甚至会专门给食草动物喂食加工过的肉或骨头制品，但这会带来羊瘙痒症和疯牛病等疾病传播的风险。

有些疾病实际上是由其他疾病引发的。比如动物高度精神紧张可能与慢性病毒感染有关，病毒性呼吸道疾病可能继发于细菌性疾病。有些导致免疫力降低的疾病会引起动物轻症感染，进而导致全身疾病的暴发。此外，先前接受的某些治疗也会产生一些副作用（如第二章所述），尤其是长期对动物使用行为疗法，或进行痛苦不堪的训练，可能会导致动物焦虑不安或具有攻击性。所以，兽医在解决动物某方面的问题（特别是像吠叫这样不属于疾病的行为）时，还要避免引起其他问题。

错综复杂

有些疾病的成因显而易见、简单易防，例如，猫被车撞伤或奶牛误食了不该吃的东西。然而大多数疾病并非只由某个单一因素引发。许多遗传性疾病是由动物父母双方的基因与环境相互作用所造成的。许多传染病都能通过多种不同方式进行传播，例如，马动脉炎病毒（EAV）可以通过空气、交配、母婴（宫内感染）或受污染的环境等多种途径传播。即使受到“同一种”疾病的侵袭，不同动物个体感染的方式也不尽相同，受影响的程度也千差万别。有些动物可能免疫力更强，能更好地抵抗感染，即使缺乏营养也能调动体内存储的矿物质主动应对。

兽医学通常认为，疾病是由不同因素综合作用导致的。即便动物对某一化学物质（如蜂毒或药物）过度敏感，也只有当这种化学物质进入其体内（如通过蜜蜂蜇伤或注射）时才会导致动物过敏性休克。只有当所有营养来源都不足以满足动物的需求时，它们才会出现营养缺乏的症状。维生素 D 缺乏症可能是因动物饮食中缺乏维生素 D，同时缺乏能够帮助动物合成维生素 D 的阳光或人工紫外线照射造成的。肥胖症通常不仅是因为卡路里摄入过多，而且还因为锻炼不足。癌症则可能是由于反复接触致癌化学物质或被辐射而引起的。事实上，大多数疾病都是动物与周围环境相互作用的结果。动物是否生病取决于多重因素，包括动物之间的相互影响、致病源和动物所处的环境。

我们并不总能准确预测出动物会感染的疾病，尤其是对于动物个体，精准预测的难度很大。但兽医学家有时可以通过观察畜群，从统计学角度预测哪些疾病可能发生以及这些疾病将会如何传播。通过监测患病动物或在它们死后进行尸检，兽医学家能够推测与这些动物有过接触的其他动物可能出现的问题。这些动物要么生前曾是其他动物的伴侣、亲属，要么死后作为食物被其他动物吃掉。兽医学家还可以对动物主人进行调查，寻找可能造成动物生病的原因，预防潜在的疾病或对疾病尽早干预，将影响降到最低。所有这些疾病监控策略的实施都需要有完善的兽医基础设施作为保障，通过这些疾病检测和预防措施，兽医行业就能够在人类和动物保护工作中发挥重要作用。未来，我们可能会通过合法途径找到更好的数据收集方法，更加准确地预测疾病的传播（例如，通过应用电信设备中的全球定位系统数据、网上购物信息，以及从众多的宠物和家畜主人那里获取的医疗数据来分析预测）。

很难说某种疾病或损伤是否的确由某个潜在的危险因素触发，还是另有其他原因。假如某只动物同时患有关节炎和肥胖症，我们很难辨清究竟是先患上关节炎导致动物缺乏锻炼，进而发展成肥胖症；还是由于肥胖导致关节承受压力过大，继而引发了关节炎；或是两者相互影响，又或这两种病另由其他原因造成。遗传学领域有一条极为重要的定律：基因组可编码多种特征，这些特征经常相伴出现。例如，斑点狗身上的斑点并不会导致耳聋，但遗传基因组合会使它们面临兼具斑点和耳聋的风险。

因此，兽医学会充分考量所有能使动物个体和群体患病风险增加或降低的相关因素。对动物畜群的大规模研究能揭示疾病发生的原因和方式，以及疾病为何会随空间、时间和具体情况而变化。这类研究将成为兽医学的重要组成部分，因为兽医学家可以利用数字数据源与计算机建模技术，绘制复杂的地形和种群分布地图，模拟动物之间的社交网络。兽医学家也通过开展其他类型的研究，致力找出疾病的因果关系链条，例如，通过了解动物的过往病史，或将动物单独置于特定环境中，观察其随后是否患上某种疾病。有时我们仍不清楚，某个风险因素究竟会直接导致某种疾病，还是仅仅与这种疾病相关：例如，热量摄入过多、肥胖症与 2 型糖尿病之间的因果关系。

每一只动物的健康都很重要，但是兽医学家必须考虑到整个畜群、禽群、野生种群或整个生态系统中所有动物的健康。虽然不能确保让每个动物个体都始终保持健康状态，但兽医学可以降低该动物群体患上各种疾病的整体风险，降低疾病的严重程度。这通常需要兽医学家认真权衡不同疾病的风险，为农场主选择合适的养殖方式。例如，将奶牛圈养在铺满秸秆的室内，虽然可以降低发生跛行的风险，但容易引发奶牛乳房感染。因为奶牛之间距离越近，相互踩踏乳头导致感染的概率就越大；同时，脏乱的地面也会造成疾病传染。同理，将母鸡饲养在室内的笼子里可以减少它们接触某些疾病的机会，但这也会增加它们出现心理健康异常的风险。

正确挑选

预防疾病最直接的方法之一是从一开始就挑选健康的动物。只要这些健康动物不接触其他已被感染的动物，就有望能保持相对健康，不会相互传播传染病，也不会将疾病遗传给后代。农场主和宠物主可以从信誉良好的育种站和农场购买动物，因为它们已经接受过评估，出售的动物通常没有常见疾病。如果动物出现患病迹象或接触过患病动物，农场主就会把它们从畜群中剔除，要么将它们与群中其他动物隔离开，要么把它们扑杀掉。例如，2001 年，英国为根除口蹄疫就曾对病畜实施了大规模扑杀，人们也采取同样的方法来控制禽流感。

兽医学家可以使用第三章中提到的方法挑出那些健康出现问题的动物。临床检查能发现动物患有传染性疾病或遗传性疾病的迹象。但是早在症状显露之前，它们可能已经携带致病微生物或基因生存了相当一段时间，有些已感染的动物可能根本不会表现出任何症状。因此，兽医学家有时会推迟新种入群，直到它们有足够的时间显露出一些潜在或明显的症状，这一方法也有效延长了兽医临床检查的间隔周期。动物应当被隔离的时间长短要根据相关科学信息来确定，即动物从感染到出现感染症状需要多长时间，可能是数小时（如猫咬伤造成的感染）、数月、数年（如狂犬病和疯牛病），甚至是无限期（如有些患结核病的奶牛）。

即便如此，临床检查和隔离也无法筛除所有的疾病。例如，经过上述处理的奶牛仍有可能携带导致结节性皮肤病、结核病或布鲁氏菌病的微生物。对此，兽医学研发出新的方法来检测动物的健康问题，通常的做法就是评估动物的基因或动物对微生物分子的免疫应答。例如，检测奶牛对分枝杆菌的免疫应答情况、检测猫体内是否有多囊性肾病的 DNA、检测爬行动物的粪便中是否有寄生虫、检测羊脑组织判断羊是否患有瘙痒症。将动物带到农场之前，兽医可以使用上述方法对它们进行检测。在运输奶牛之前，进行上述检测也是阻断结核病传播的一个重要环节。兽医还可以在动物被屠宰后进行这些检测，以决定是否需要对其余的动物进行隔离和检测。

基因治疗仍然是未来防治动物疾病的希望所在，但是预防性基因筛查更具发展潜力。事实上，基因检测不仅可以筛查疾病，还能帮助育种站挑选出那些能为后代带来健康体质和良好繁殖能力的动物。由此农场主和育种站就能够培育出不易发生乳房感染或跛行的奶牛、对常见羊瘙痒病更有抵抗力的绵羊以及不患遗传性膀胱结石的杂交斑点狗。

决定是否培育某些动物之前，育种站可以通过基因检测对这些动物及其亲属进行筛查。兽医学家也越来越多地使用大数据提供的有关动物亲缘关系和基因图谱的信息，帮助农场主选购或培育更加健康的动物。随着绘制基因图谱成本的不断降低，这类技术也越来越经济实惠。自 21 世纪初以来，绘制基因图谱的成本已经降低了几个数量级。拓展研究和商业应用推动动物基因图谱绘制工作取得重大进展，促进动物遗传标记与经济发展、动物福利保护有机结合。

改良动物遗传基因的阻力可能并非来自兽医学，而是来自动物主人和社会的意愿。有些动物虽然已被感染或携带不健康基因，但是它们可能有其他的特征深得主人喜爱，例如，外观更好看、繁殖能力更强、在比赛中更具竞争力或生产能力更强。短鼻狗虽然表情可爱，招人喜欢，但这种狗通常呼吸困难。基因编辑技术可以提高动物生长、繁殖、产蛋或产奶的能力，但是会导致它们自身免疫功能低下。正如我们所见，基因工程技术能使普通家鸡或火鸡生长速度更快、品质更优，但也似乎让它们的健康承受着更大的风险。

因此，健康养殖不仅要在经济上可行，还要受到文化推崇。兽医学可以通过敦促负责任的动物育种工作，帮助想要养狗的人选择宠物。科学评估能帮助农场主根据现有的动物配种情况（包括使用其他来源的动物精子）来预估育种的经济价值，综合考虑治疗动物已患疾病的中长期成本和可能面临的风险，制定育种策略和方案。在发展中国家，经济驱动因素可能尤其重要，成本和知识产权问题也需要得到解决。幸运的是，所有的育种站和农场主都有一些较为基础的选择，无须付出高昂的代价也可以挑选出一些后代更为健康的优良育种动物。

保证卫生

另一种控制微生物或寄生虫传播的方法是把它们消除、稀释、杀死，或减缓它们的生长速度，或让动物远离它们。清洁、排污、换水和通风等方法可以去除微生物或寄生虫。用水冲洗伤口或使动物之间保持足够距离，可以防止微生物局部聚集，从而产生稀释的效果。使用消毒剂、高温、高压、冷冻、防腐或烘干以及电磁辐射（阳光也能够起到很好的杀菌作用）等方法，能够杀死微生物或寄生虫，或减缓它们的生长速度，降低它们的活性。使用消毒过的手套和手术服，或使用化学物质驱赶、杀死传播疾病的昆虫，或让动物避开可能有某些微生物存活的区域，这些做法都能起到屏障作用，使易受感染的动物远离微生物或寄生虫。

经常接触动物的人、车辆和设备的卫生清洁状况尤其重要。每个农场都要特别注意，确保车辆和人员在进出农场之前都要经过清洁和消毒，这样就不会将外部微生物带入农场，也不会将农场的微生物传播到外部。所有的动物医院都要确保患病动物身上感染的致病菌不会感染附近或其他病房的动物。实际上，兽医在穿梭于各农场之间或在做手术时，他们自己的手、衣服、使用的医疗器械和车辆都会成为传播微生物的载体。在动物医院、宠物众多的家庭、某些农场和活体动物市场，动物们常常大量聚集在一起，容易处于生病、压力过大的状态，此时保持卫生更是格外重要。

遵循合理的清洁程序才能形成良好的卫生条件。有时，只用一种方法并不能消灭所有微生物。细小病毒对许多消毒剂都有抵抗力，引起羊瘙痒病和疯牛病的畸形蛋白质无法被高温破坏，普通消毒剂对它也毫无作用。此外，有些卫生措施可能反而会促进疾病的传播。例如，微生物会附着在拖布、刮铲等清洁工具上到处传播。卫生状况往往取决于最薄弱的环节，即使其他环节都能做到一丝不苟，只要一处没有做好，就会造成微生物传播。

在极端情况下，按照卫生学原理应该将某些动物单独隔离在完全封闭、无菌的环境中，一些生物安全实验室就会这样执行。在实验室之外，更切合实际的卫生目标是减少微生物的数量，使动物的免疫系统足以抵御它们。良好的卫生状况并不意味着要打造完美的无菌环境，而是将微生物的数量减少到可以被免疫系统击溃的水平即可。这里可以用战争来打个比方，小规模的微生物入侵不足为惧，但大量的微生物入侵却能彻底突破身体的防御。动物对微生物的抵抗能力取决于它们的健康状况、免疫力、年龄和压力大小。

事实上，过度清洁卫生的无菌环境可能会适得其反。如第二章所述，适当接触不同的微生物可以促使动物产生免疫应答，增强免疫力。如果完全不和微生物接触，动物就无法构建良好的免疫系统，无力对抗未来可能遇到的严重感染。如果动物的免疫系统从未遇到并成功击退过某种微生物，那么当它们受到严重感染时，可能就无法做出有效的抵抗。过度强调无菌的生活环境，将导致动物不能获取足量的有益微生物，尤其是来自母体的有益微生物，这也意味着动物将缺乏这些“友军”微生物的帮助来对抗“敌军”微生物的感染。而且，使环境单调化来创建无菌环境的做法可能会给动物带来压力，从而降低它们的免疫系统对微生物的反应能力，使它们将来更容易感染疾病。大批动物集中饲养时，环境卫生很重要，但这并不是为动物设计环境时需要考虑的唯一因素（图 10）。

图 10　大批奶牛集中饲养

此外，过度注重卫生还可能会带来一些意想不到的后果。有些人担心，就像人类一样，保持周围环境和个体过度清洁，容易导致动物产生过敏反应。据推测，这种现象可能与缺乏有益菌有关，也可能是免疫系统缺乏刺激，对食物或环境中原本无害的化学物质反应过度，与之对抗。例如，有些白细胞通常只攻击微生物或寄生虫，但是也可能突然开始攻击其他身体细胞。对于生活在农场或野外的动物来说，不必担心清洁过度的问题，因为它们经常会接触到灰尘里的微生物。相比之下，大部分时间都待在室内的宠物似乎更容易出现过敏现象（也有些品种是由于遗传基因而更易过敏）。总之，适当让动物接触一些微生物不失为一件好事。

接种疫苗

实际上，兽医学界目前的确正在有计划地通过接种疫苗来使动物接触微生物。将鸡新城疫病毒这样的微生物杀灭、改造或拆分成小块，就不会引起疾病完全发作。然后把它们喷洒在动物身上、添加到动物的饮用水或食物中或注射到动物体内，使动物调动自身免疫系统，便可提高动物对鸡新城疫病毒的抵抗力。也可以改造某些微生物，在不引发疾病的前提下刺激动物对其他微生物产生免疫应答。例如，改造后的鸡新城疫病毒可携带禽流感、犬瘟热、狂犬病和裂谷热等其他病毒的致病因子，甚至是来自疏螺旋体等细菌的致病因子。把这些改造过的病毒用在动物身上，使动物体内产生对这些因子的免疫力，就能对抗其他病毒或细菌。

将来，兽医学还会利用肿瘤研制癌症疫苗，以增强动物的免疫系统对抗各种癌细胞的能力。比如，兽医从患病动物身上提取肿瘤细胞，然后将其分子重新注入动物体内，激活它们的免疫系统。这种方法通常与化学药品或动物自身的免疫细胞结合使用，可以增强动物身体对肿瘤细胞的应答。兽医学家也会对病毒进行改造，使其表面具有肿瘤细胞分子，刺激免疫系统应答。在美国和欧洲，兽医们研发出一种方法，将与（人类）癌症相关的 DNA 注射到狗体内，刺激狗的免疫系统自发对抗黑色素瘤细胞。尽管临床上还没有完全取得成功，也不确定这些疗法会在多大程度上调动动物的免疫应答，但这的的确确是一种进步。

兽医学家希望确保接种疫苗的动物能够对这些分子产生强大的免疫应答。注射疫苗通常含有其他化学药品，可以刺激动物的免疫系统做出反应。多种疫苗联合使用，可以为动物的免疫系统提供更多形成和维持自身免疫力的机会。兽医们尽量不要在动物生病时给它们接种疫苗，因为此时它们的免疫系统可能已经不堪重负；鉴于动物母乳中的抗体可能会对未断奶的哺乳动物形成保护屏障，它们无须调动自身免疫系统，兽医们也应当尽量避免给这类小动物接种疫苗。然而，母源抗体下降后如果间隔时间过长，动物可能会处于免疫空窗期，而此时它们正需要多与外界接触，了解世界，避免出现心理健康问题。兽医通常需要在几周之内，按照精确计算好的时间，给这些动物多次注射加强疫苗，以确保其中一些疫苗奏效。

接种疫苗能预防常见疾病，每只动物都会因此而受益。例如，在许多国家，狗可能感染犬瘟热、细小病毒和狂犬病病毒，接种疫苗可以帮助它们避免致命的感染。不过，接种疫苗的主要益处在于降低一个种群整体的发病率，从而让这个畜群总体更加健康。如果有相当数量的动物对某种疾病具有足够的免疫力，致病微生物就无法在这些动物之间快速传播，随着被感染的动物不断死亡或康复，这种微生物就会逐渐灭绝。当接种疫苗的动物数量足够庞大时，疾病就能够被彻底根除，就像牛瘟已经在世界范围内绝迹，狂犬病在许多国家也已绝迹一样。

然而，接种疫苗并非毫无风险，和其他许多药物一样，它也有潜在的副作用。接种疫苗是有效的故意感染，但仍会导致一些轻微的疾病症状（例如，猫在接种流感病毒疫苗后可能会出现短暂的流感症状）。有些疫苗（例如，狂犬病疫苗和猫白血病病毒疫苗）也可能会导致极少部分——几千分之一——的动物患上癌症（这可能缘于患病动物的基因）。此类风险虽然微小，但是已经引起了一些宠物主对接种疫苗的严重担忧（一些儿童的家长也对接种麻疹联合疫苗忧心忡忡）。有些人因此不给他们的动物接种疫苗，致使它们感染可预防疾病和致命传染病的风险大大增加。兽医需要理性地权衡各种风险，确保动物接种上正确的疫苗，能够对可能遇到的微生物产生充分的免疫应答。

疫苗接种的另一个风险是可能会对动物筛查测试造成干扰。如第三章所述，测试通常包括评估动物对微生物的免疫应答，强烈的免疫应答表明它们曾接触过某种微生物，因此已经感染。然而，接种疫苗的动物也可能表现出类似的免疫应答，但并未真正感染。所以给动物接种疫苗可能会降低检测方法的可靠性，不能确定它们是否真正感染了某种微生物。这也是有些人反对给奶牛接种结核病疫苗的原因之一——它会降低奶牛转运之前检测结果的准确性。幸运的是，近几年的研究表明，有一种检测方法能区分接种过疫苗的奶牛和感染病毒的奶牛，但要研发出可供现场使用的检测产品仍需要一段时日。

疫苗接种还有一个问题，就是不能确保接种一定起效。有的微生物种类繁多，含有不同的化学成分，即使让动物对其中一小部分亚种免疫，也无法防止它们被其他略有差异的亚种类型感染。有的微生物可能会“进化”出新的变种毒株，其分子与现有疫苗能预防的毒株分子有所不同。这意味着动物的免疫系统可能有时无法识别新毒株的化学成分，不再对抗这些微生物。这又是一场在微生物和制药公司之间展开的“军备竞赛”。这说明疫苗需要及时更新换代，以应对在疫苗投放地区出现的新毒株。例如，近年来，针对马流感和犬钩端螺旋体病（可导致肾脏或肝脏衰竭）新毒株的疫苗已被研制出来。

防患未然

另一种预防疾病的方法是在疾病恶化之前及时治疗，避免引发更严重的问题。补充维生素可以防止轻度维生素缺乏症；用抗菌剂清洗动物的蹄子能杀死蹄子表面滋生的微生物；投放药物可以杀死蠕虫、虱子和跳蚤，防止它们的数量持续增加；使用抗生素可以预防手术后伤口、体腔内感染以及阻断接触患病动物带来的感染风险。以前有些农场主会给奶牛、猪、鸡、火鸡和鱼投喂低剂量的抗生素，以应对在农场里持续发生的感染。现在看来，这并不是一种明智的做法，对抗生素产生的耐药性会波及人类的健康，所以许多国家都不提倡这样做。

改变动物的身体构造，也可以降低它们未来患病或受伤的风险。许多宠物都做了绝育手术，这样就可以免受致命的子宫感染和部分癌症之苦。许多农场动物的某些身体部位都会被割掉或剪短，比如尾巴、鸟喙、牙齿、角或毛（如臀部周围的毛）等，目的是避免它们遭受痛苦，或对群体中的其他成员造成伤害。一个典型的例子是断尾术。给猪断尾，可以防止它们互相咬尾巴而受伤；给奶牛断尾，有助于避免它们的乳房感染——尽管几乎没什么证据证实这种做法的确有效（更多益处大概在于防止农民在挤奶时被牛尾巴甩到脸）；给绵羊断尾，可以避免粪便粘在尾部羊毛上，感染蛆虫，造成危害；给狗断尾，最初是为防止工作犬在灌木丛中追捕猎物时尾巴受伤，但现在这已经成为一种“宠物整形手术”，对于某些特定品种的狗而言，是它们“形象”不可或缺的一部分。

部分上述干预措施在某些国家属于非法行为。但即便是那些合法操作，也备受争议。兽医要负起责任，考虑这样的治疗方式是否真的对患病动物有益：与保持身体各部位完好无损相比，更应该让每一只动物都从治疗中受益。一方面，这些治疗过程通常都需要让动物经历痛苦不堪的手术，不能使用麻药和止痛药的动物幼崽在手术过程中尤其痛苦，因为用药可能会干扰它们的身体反应。另一方面，兽医们很不放心把未断尾的猪留在农场里，这些农场一般都会给其他猪做断尾处理，一旦猪群开始咬尾，会给这些未断尾的猪带来灾难性的后果。

很多时候，我们可以找到更好的方法来避免问题出现，但往往要付出额外的成本。如果农场中数量众多的动物生活在一起，拥挤不堪，卫生条件很差，或当动物因为缺乏活动空间、生活环境单调而压力过大时，就更容易频繁出现轻度感染。同样，如果农场有喂食不当，或环境过于简陋这类健康隐患（如只有光秃秃的板条漏粪板，空间不够宽敞，影响到猪正常的活动、拱地和咀嚼行为），就更容易引发咬尾现象。如果农场主依赖使用低剂量的抗生素或给猪实施断尾术等简单直接的方法来预防动物生病，很难说他还能有什么动力去仔细挑选动物，或愿意费心去为猪打造一个卫生、健康的生活环境了——他们懒得给猪提供更好的环境和充足的稻草，更不在意能否改善它们的心理健康。但是，如果兽医拒绝给动物实施断尾术之类的治疗，就会将它们置于危险境地，因为这些动物不仅仍在恶劣的条件下受苦，同时还要承受被咬伤甚至咬断尾巴继而感染生病的后果。

毫无疑问，进退两难的处境使这类治疗备受争议。科学界已经指明了能够减少这些疾病风险因素的可行方法，需要农场主做出必要的改变，不再继续采用糟糕的养殖方式，以实际行动为保护动物福利提供支持。但是，在问题还不能或还没有被完全解决或最大限度减轻的情况下，不应再让动物遭受灾难性的伤害或承受严重疾病的折磨。人们在这种两难局面下达成了一些妥协，例如，欧盟法律规定除非是在尝试其他所有方法之后，仍无法有效减少咬尾现象的情况下，才可以将断尾术作为最后手段，否则禁止实施断尾术。这条规定的漏洞使得断尾术仍然十分普遍。瑞典、立陶宛和芬兰等一些欧盟成员国则完全禁止实施断尾术。在这些国家，只有1% ～ 2.5% 的猪确实会因尾巴被咬而受伤。但是，兽医学并不是要改变动物，让它们适应特定的养殖体系，而是要致力于重新设计养殖环境，以更好地适应动物的需求。

妥善照顾

总体来说，预防疾病最重要的方法是确保动物得到正确的照料，为它们的健康保驾护航。许多疾病都是由动物的饮食、环境和同伴出现问题导致的，因此饲养方式可能是决定它们能否保持健康的关键因素。妥善照顾动物，就要给它们提供充足的资源，帮助它们应对各种健康问题和其他挑战。让动物保持健康的最好方法，就是让它们得到良好的照顾。例如避免爬行动物缺乏维生素D的最好方法，就是给它们提供供适当的（自然的或人工的）光照和食物。避免心理健康问题的最好方法，就是为动物提供稳定、舒适的环境和良好的陪伴。

合理膳食对所有动物而言都是必不可少的。为了保证动物身体健康，满足它们生长、繁殖、产奶和运动等各方面的需求，必须避免动物过度缺水少食，也要避免动物摄入过量的营养。动物主人要尽量控制动物摄入的卡路里不超过消耗的卡路里，防止动物肥胖。动物饮食中要包含合适的食物来促进有效、健康的消化（这样也可以增加有益的肠道微生物），而且要以正确的方式为动物提供饮食。喂养动物的方式应该符合它们的自然进食习惯，例如，要让动物有觅食和咀嚼的过程，这样才能保护它们的牙齿健康，乃至心理和整体的健康。同样，给动物供水也要按照动物所需要的方式执行（例如，动物可以直接饮用水，也可以从树叶、草叶中摄取水或通过皮肤吸收水）。当然，给动物提供的任何饮食都不能含有大量毒素或有害微生物。

有些传统的动物饲养方法可能并不合适，比如把兔子关在笼子里饲养（图 11）。任何动物都需要适宜的生活环境，

图 11　把兔子关在笼子里饲养

既安全舒适又清洁卫生——既无须完全无菌又不能过于单调。在这样的环境中，动物可以愉快地调动各种感官，舒适地休息，在活动、锻炼和玩耍的过程中保持身心健康。环境要足够宽敞、足够多样、足够有安全感，这样既能给动物足够的新鲜感，又不至于让它们感到害怕。还需要让动物能够控制它们所处的环境，在安全、合理的范围内给它们提供一些选择。例如，为爬行动物提供的环境要有一定的温度和湿度变化区间，让它们可以根据自己的身体需求，随时移动到适宜的环境中；使用智能化挤奶机能减轻奶牛的压力，因为奶牛可以随时按照自己的产奶需求，到这里接受机器挤奶。给动物选择和控制的权利，这种做法对它们应对各种挑战很有助益。

动物也需要恰如其分的陪伴。有些物种是群居的，很少独来独往。这类动物需要长期、稳定的同伴，它们相互取暖，驱赶苍蝇，梳理毛发。良好的同伴友谊不仅可以帮助动物避免因孤独产生的压力，还能在事态紧急时为它们提供必要的缓冲，帮助它们快速恢复。还要避免动物与不合适的同伴共处，以免造成伤害、传播疾病、发生意外受孕、抢夺资源或产生压力。动物的饲养密度也不宜过高。此外，有些动物基本上是独居的（除了交配和照顾幼崽的时候），例如许多爬行动物、仓鼠和小型猫科动物，所以应该避免让这些动物与其他同类动物接触过多。

人类会给一些家养动物单独的陪伴。有的宠物非常依恋自己的主人和家庭，与主人分开或独处时，会变得非常焦虑。尽管人类的陪伴不能代替同类动物的陪伴，但对动物也是有益的。人类还可以给动物创造一些有益的条件，帮助它们锻炼身体，刺激生长发育，学习生存技能。但是，人类要避免给动物带来伤害、疼痛或恐惧，尤其在训练或饲养那些天生害怕人类的动物时。即使是家养的宠物，也要确保它们与人类接触时感到愉快，这样它们才能习惯与人类相处，学会享受人类的陪伴。

事实上，家养动物的健康状况尤其取决于人类，因为人类决定了它们的生存环境和基因。育种员能决定哪些动物相互配种，主人则决定如何饲养动物、喂它们吃什么、让它们与哪些动物共处。许多疾病预防的关键是确保满足动物们的需求，不让它们过度紧张。因此，综合来看，预防家养动物生病相对简单，选择合适的动物然后好好照顾它们基本就能满足要求。现如今外来的新奇动物越来越受欢迎，兽医学界也应该更多地了解这类动物的需求，以便更好地为动物主人提供建议。人类防止野生动物患上疾病的最好方法可能就是不去侵扰它们，这一点会在第六章中进一步讨论。

这就意味着，改善动物的健康状况往往等同于改进动物主人的行为方式。对于许多动物主人来说，多学点兽医学知识有助于他们改进自己的行为——只有先了解动物的需求，才能够设法满足它们。还有一些动物主人因循守旧，尤其是当他们需要彻底改变自己的行为或花费更多时间、金钱的时候，可能需要额外的支持和鼓励才能使他们做出改变。兽医学能找到办法提高动物的生产力，让动物在商业化生产中带来良好回报，为改善自己的待遇买单，尽管这仍然需要农场主有必要的现金流进行投资。兽医的类似做法还包括鼓励动物主人为动物购买健康保险，或建议主人不要购置那些他们负担不起的动物。

兽医学能帮助动物主人了解一些心理和文化方面的知识，有利于提高他们照顾动物的水平。从心理学上讲，兽医可以提醒动物主人注意为动物防治跳蚤；提醒他们给动物称重，以便及时调节动物的饮食或锻炼方式；兽医还能改变动物主人的认知，让他们明白，给宠物做绝育之前不需要让它们生一窝幼崽。同样，兽医学可以帮助农场主清醒地认识到，与大量瘦弱且生产力不佳的动物相比，少量生产力强的动物能创造更多的价值。这些改变都要以“尊重动物”这一价值理念为基础，例如，在一些传统的非洲部落中，牛的所有权与主人的地位、婚姻、葬礼仪式、当地传统法律和社会价值体系密切相关，即便遇到干旱或饥荒，也要确保农场主和动物有最好的机会生存下来，直到更好的年景。饲养动物还应当遵循回归自然的理念，例如，鼓励散养奶牛，这样既可以增强奶牛的幸福感，也可以降低奶牛患跛行、乳腺炎和某些代谢疾病和感染类疾病的风险。

第五章
跨物种疾病

05

比较医学

有些微生物对宿主并不挑剔。牛瘟病毒也能感染羚羊、水牛、鹿、长颈鹿、角马和疣猪等。犬瘟热可以传播给熊、麝香猫、大象、雪貂、水獭、浣熊、熊猫、狮子、鬣狗、豺、海豹和日本猕猴等。牛结核病能传染给奶牛、山羊、绵羊、非洲水牛、野牛、鹿、麋鹿、猪、马、狗、猫、獾、兔子、豚鼠、刷尾负鼠和灵长类动物等，而这种细菌的祖先很可能来自人类。各种类型的流感病毒可以感染人、鸡、鸭、火鸡、猪、马、海豹、鲸、水貂、猫和蝙蝠等。西尼罗病毒能感染人、马、短吻鳄和鹅等。狂犬病可以感染许多哺乳动物和鸟类。沙门菌可能会感染所有的哺乳动物、鸟类和爬行动物——甚至一些植物。利什曼原虫能感染狗、老鼠、浣熊、奶牛、猪和人等。

弓形虫不仅可以在猫体内繁殖，还能感染人、山羊、绵羊、猪、老鼠、海豚、海牛、海獭、海豹、海狮、熊猫、北极熊和鸟类等。事实上，许多寄生虫的幼虫寄生在一种动物身上，成虫则会寄生在另一种动物身上。

微生物和寄生虫的多途径、跨物种传播令人担忧，这是有一定原因的。微生物和寄生虫波及的动物更多，产生的影响更大，任何物种的动物都有可能被感染。这种传播会增加被感染畜群，使微生物大范围扩散。微生物或寄生虫在散居的同一动物种群中的传播，可能要以另一个物种为媒介。如果微生物无法在某一物种身上长时间存活（甚至几乎被彻底消灭），它们就会通过与该物种接触的另一物种，对其造成间接感染。被感染的新物种对此类微生物缺乏抵抗经验，因此免疫能力有限。此外，微生物在跨物种传播的同时也会发生变异，从而对其他物种造成更大的威胁。例如，当流感病毒的毒株在野鸟、家禽、猪和人之间传播时，就可能会发生基因突变。

有些微生物对与其共同进化的物种来说相对无害，但对于另一个没有对它产生过免疫力的物种而言，感染将会是致命的。痘病毒会给红松鼠造成重创，但是灰松鼠却对痘病毒具有一定的免疫力。许多鸟类都会感染鸡新城疫病毒，但是影响不大；如果家鸡感染这种病毒，则会引起严重疾病。博德特氏菌能导致鸟类和哺乳动物患上呼吸道疾病，导致人类患上百日咳，这种菌对家兔无害，但对豚鼠却足以致命。鸟类能感染的流感病毒种类众多，其中大部分都不会传染给人类，即便人类感染也不会造成严重后果。狂犬病毒对哺乳动物来说都是致命的，但有些蝙蝠却能够耐受这种病毒。许多爬行动物身上都有沙门菌，这种菌似乎对它们无害，甚至还可能有益，却能导致人类患上严重的肠胃炎。有益微生物也可能会跨物种传播，比如宠物主与宠物身上都会有一些相同的皮肤细菌。

对人类而言，尤其需要关注的是那些能由其他物种传染给人类的疾病。据估计，约有 60% 可致人类患病的微生物同样会感染其他动物，其中有许多微生物并不是新发现的。长期以来，人类和动物始终都有一些共患病，例如，鼠疫、利什曼病、结核病、布鲁氏菌病，以及绦虫等各种寄生虫引起的疾病，连麻疹也可能源自几千年前传染到人类身上的牛瘟病毒。然而，大约 75% 的人类“新”疾病，其实也存在于其他物种身上。除此之外，人类近几年感染的一些疾病，也被怀疑与感染症状类似的其他物种有关（例如，吃野味的灵长类动物可能会感染类似艾滋病和埃博拉病毒的疾病，蝙蝠和果子狸会携带类似于非典型性肺炎和中东呼吸综合征病毒）。将来，我们可能还会看到更多跨物种传播的疾病，尤其是由病毒、真菌感染诱发的与生活方式相关的疾病。人类和其他动物共有的部分致病微生物见表 1。

表 1　人类和其他动物身上共有的部分致病微生物

类别	病毒类	细菌类	真菌类	寄生虫类
致病微生物名称	亨德拉病毒 流感病毒 尼帕病毒 狂犬病毒 裂谷热病毒 西尼罗病毒 寨卡病毒	牛分枝杆菌（牛结核） 布鲁氏菌 钩端螺旋体（韦尔病） 沙门菌 大肠杆菌（大肠埃希氏菌） 鼠疫耶尔森菌（鼠疫）	裸囊菌科（癣菌病）真菌 隐球菌 伊蒙微小菌 锈腐假裸囊子菌（白鼻综合征） 荚膜组织胞浆菌（组织胞浆菌病） 罗伯菌（罗伯病） 申克氏孢子丝菌	简单异尖线虫 疏螺旋体（莱姆病） 利什曼原虫 血吸虫 猪带绦虫（囊虫病和猪带绦虫病） 弓形虫 旋毛虫 锥虫（昏睡病和美洲锥虫病）

人类与猴子、猿类会罹患同种疾病，这不足为奇，因为所有的灵长类动物都具有亲缘关系。同样，人类与家养的可食用动物或与其他用途的家养动物罹患同种疾病也屡见不鲜。理论上来说，人类几乎能与所有物种共有某些微生物。作为其他动物的病毒传染源，蝙蝠和啮齿动物非常值得关注，例如，一种生活在“旧世界”[①]的以水果为食的蝙蝠，就与狂犬病、亨德拉病毒和尼帕病毒密切相关。这种现象的原因尚不明确，或许是因为它们自身独特的免疫系统、高体温或冬眠模式更有利于孵育病毒。也许更为简单的原因是蝙蝠和啮齿动物数量较多，占哺乳动物的60%，且分布范围极广。蝙蝠能远距离飞行，许多啮齿动物在城区繁衍生存，因此它们更易于散播病毒。不过，尽管蝙蝠与许多种类的病毒都有关联，但这并不能说明它们对这些病毒所引发的疾病的传播都会产生重大影响。

认为微生物只从动物向人类单向传播的这种观点并不正确。人类不仅可以相互传染大多数疾病（其他动物之间也是如此），也可以将微生物和寄生虫传染给其他物种，包括流

① 原文为 the Old World，指在哥伦布发现新大陆之前欧洲认识的世界，包括欧洲、亚洲和非洲，即东半球。——译者注

感病毒、麻疹病毒、沙门菌、弯曲杆菌和绦虫等。牛结核病、犬肝炎和某些绦虫可能起初都来自人类。此外，从某种程度上来说，大部分微生物一定都来自于其他动物，“微生物是自然产生的”这一说法不足为信。而且，动物物种有百万之多，从统计学的角度来看，许多人类疾病都不可避免地由其他物种传入。这种情况可以理解为：人类和其他动物共享生命机理和自然环境，因此共享相同的疾病。探讨健康问题时，最好把所有动物都视为一个更加广泛的群体中的一部分，不论人类还是动物（包括家养动物和野生动物）都包含在这个群体之内。

在这个更为广泛的群体中，微生物和寄生虫能以各种方式在不同物种的动物之间传播，本书第四章中对此已有详述（遗传传播除外）。具体来讲，某个动物被感染的原因可能是它食用过被微生物感染、含有寄生虫或受污染的肉、蛋或奶，或直接接触过其他物种或其生存环境，又或吞食了其他物种的粪便。人类文明在许多方面都为微生物和寄生虫的传播提供了便利：人类与宠物生活在一起，以形形色色的动物制品为食，给一些动物喂食其他动物；人类还会在野生动物栖息地附近生活，疾病会从野生动物传染给家养动物甚至人类自身。动物被感染后究竟会面临何种风险，取决于动物本身的抗感染能力，包括动物先前接触病源的具体情况、总体健康状况、免疫系统状态以及压力程度等。幸运的是，兽医学可以采用第四章所论述的方法来减少微生物的跨物种传播。

注意差异

兽医、动物主人和公共医疗工作者都致力于减少微生物的跨物种传播。一种常见的处理方法是灭杀某一物种来保护另一物种——通常都是杀死野生动物来保护家养动物（如在奶牛大规模暴发结核病的地区，会用消灭獾或负鼠的方法来保护奶牛）或人类（如当鼠疫暴发时，会扑杀鼠、猫和狗，避免它们将鼠疫传染给人类），或为保护人类而杀死家畜（如捕杀狗来遏制狂犬病蔓延，扑杀鸡来控制禽流感暴发）。有些疾控方案会以牺牲无数动物的生命为代价。比如，为降低H5N1禽流感风险，数百万只鸡被宰杀，损失高达数十亿美元。无独有偶，马来西亚为应对尼帕病毒疫情，屠宰的生猪不计其数，几乎摧毁了该国的养猪业。

有的方案只宰杀已经患病的动物（如患狂犬病的狗）。我们很难证明将宰杀扩大化的合理性，如果不着力斩断这些疾病的源头，这类方案通常会以失败告终。除非染病动物能与世隔绝并且完全灭绝，否则一旦残余的动物继续繁殖，周边的动物往来迁徙，或农场主们重新启用原来的畜棚，感染就会死灰复燃，卷土重来。有些方案中使用一些非人道的方法，我们根本无法证明这么做是合理的，例如给动物投毒、虐杀动物或将动物安置在拥挤的畜舍中，然后用“消极”的屠杀方式让它们自己死于压力、饥饿或传染病。最好还是采用绝育和接种疫苗等方式，确保动物种群能够健康、稳定地生活。

在某些情况下，杀戮动物可能会带来意想不到的副作用，事实上，这甚至会造成更多的疾病被传播，最终事与愿违。2001 年，英国通过大量宰杀奶牛、绵羊和猪的方法，遏制了一场口蹄疫的暴发。随后，各个农场又从其他地方买来奶牛，不料这些都是感染了结核病的奶牛，于是结核病又被扩散到新的地区。为防止牛结核病蔓延，英国政府又杀掉了数千只獾。从科学的角度看，这一决定究竟是有助于问题解决还是使问题恶化，至今尚无定论。现有的科学事实表明，至少在某些情况下，剿杀獾会扰乱它们的家庭和社会环境，使獾的活动更加频繁，反而加剧结核病的传播。而且，杀獾行动也会分散人们控制奶牛疾病的精力。

另一种简单的方法是把物种分隔开。为保证微生物不会扩散，防止被感染的动物逃窜，动物疾病研究实验室都制定了严格的规程。有些宠物主会随意遗弃宠物，或在怀孕时因为担心宠物将弓形虫病传染给自己导致流产而抛弃它们。其实，他们完全不必采用这么极端的方式，就上述问题而言，勤洗手就能避免感染弓形虫。选择与宠物分开也意味着他们放弃了饲养宠物的好处，比如，如果母亲在怀孕期间和狗一起生活，孩子患过敏症和皮肤病的风险可能会相对较低。规范的农场管理可以阻断家畜与野生动物在农场或拥挤的活鲜市场相接触。科学的公共卫生政策能降低人类栖息地对其他动物的吸引力（例如，避免在城市设置太多露天垃圾场）。严格的土地管理可以最大限度地减少人类活动对动物栖息地的破坏和侵扰，防止动物到处逃窜，还能防止野外生态系统被破坏，避免人类和家养动物接近野生动物。

在食物链上也可以实现物种分离。许多国家禁止给农场动物投喂肉制品。有些人是素食主义者，或给他们的宠物吃素食，以避免因为食用肉类、牛奶和鸡蛋而感染疾病（但这么做对猫等严格的肉食动物来说并不健康）。近几年来，疯牛病的危害渐渐被淡忘，为提高经济效益，人们可能会抵挡不住诱惑，放宽对一些农场动物（尤其是猪和家禽）饲喂肉类副产品的限制。难点在于，谁也无法确定这样做是否安全。任何新的疾病，像疯牛病一样，都是一点点累积，直到暴发时才被重视的，但为时已晚。正如第四章所述，预防胜于治疗，这意味着尚不能把控风险时，需要特别小心谨慎。

有些肉类加工方式能减少毒素、微生物和寄生虫的传播。动物屠宰之前可以进行动物检疫（私下的野味宰杀通常不经过检疫），或在宰杀后进行小型检疫（如查找幼虫囊肿或结节等），或对动物的免疫应答进行测试（如检测牛奶中的白细胞数量），或进行微生物检测（如检测可导致神经系统疾病和流产的李斯特菌）。屠宰过程中可以去除动物身上易含某些特定微生物的部位，例如，去除大脑和淋巴结以降低疯牛病和结核病的传播风险。屠宰场应当保持清洁，避免动物肠道中和皮肤上的微生物沾染到肉类产品的部分。给动物喂食肉类、蛋类或奶类之前，可在食物加工处理过程中用高温烹饪、巴氏消毒、辐照等方法杀死其中的微生物和寄生虫，或至少要用冷冻、冷藏等保鲜方法抑制食物中微生物和寄生虫的滋长。

不同物种的动物相接触时，要确保具有良好的卫生条件，这非常重要，而且简单易行。比如，避免某些动物吞食或吸入其他动物的粪便，人类在与动物接触之后应当及时洗手，特别是接触到动物体液或任何动物的生肉之后必须洗手，等等。及时洗手对于刚治疗完感染了流感病毒或亨德拉病毒的动物的兽医，以及对于因第二章所述原因导致免疫系统受损的人来说至关重要。良好的卫生习惯还能降低微生物由人传播到其他动物身上的风险，例如，有流感症状的人要避免与白鼬、猪或鸟类产生不必要的接触。

最重要的是，按照本书第四章所描述的方法，跨物种传播的疾病也能像其他疾病一样得到预防。动物主人需要保持动物足够干净、营养充足、生活环境通风良好、没有压力。可以给动物接种疫苗，预防能被感染的其他物种的常见疾病，例如给母鸡接种沙门菌疫苗，防止食用鸡蛋的人被感染。另外也可以通过详细监测动物的健康状况，及时发现动物个体、群体和种群中新出现的疾病。一旦有疾病发生，兽医就能迅速识别并治疗这些动物。养殖户和政府有关部门应当保存好运输动物过程中的各项记录，以便追溯疾病暴发的源头，锁定其他可能处于危险中的动物。健康的动物给其他物种带来的风险相对更少一些。

出于对动物疾病的担忧，有些人可能会建议让所有动物都生活在完全无菌的室内环境中，可是这种环境本身就极具风险。第一，这种生活环境比较单调，很可能对动物造成压力，进而抑制它们的免疫系统。第二，动物可以通过接触其他微生物来提高免疫力，皮肤、呼吸道和肠道中无害或有益的微生物都可以帮助动物增强免疫力。因此，如果让动物的生活环境完全无菌，就会导致它们更易受微生物影响。在无菌环境中，动物感染概率短期内可能会降低，但最终微生物会不断扩散，而动物们对此已不具备任何抵抗能力。

狂犬病的防治是一个很好的例证，说明人们应当秉持谨慎、巧妙、全面以及协作的理念来改善动物健康。通过大范围有效实施公共卫生项目，有些国家已经成功根除了狂犬病，但在许多国家，尤其是经济欠发达的国家，狂犬病仍然很常见，尤其是在狗群中仍广泛流行。应对狂犬病还需要各方协同，付出巨大努力。工作重点要放在为狗和野生动物接种狂犬疫苗上，同时要为流浪狗群提供更好的照顾，给它们做绝育手术，从而控制狗的数量。不要只是简单地扑杀，因为杀完之后也还是会有其他流浪狗进入该地区。人类要通过学习，了解狗的行为所对应的疾病征兆，还要解决贫困、基础设施不足、人类和兽医医疗服务缺乏等根本问题。这还表明我们需要进一步深化兽医学研究，更好地掌握流浪狗群体的生态学知识，研发安全有效的口服疫苗，找到手术以外的动物绝育方法，并且深入研究微生物数量和传播规律。

超级细菌

本书第二章讲述了微生物如何进行适应性调整，躲避动物免疫系统的识别；第四章讲述了微生物如何与新疫苗展开“军备竞赛”。微生物和寄生虫同样也能适应那些用于治疗感染的药物，进而产生抗药性。这些药物能杀死易受影响的微生物，但耐药性更强的微生物会存活下来。现在已有证据表明，许多寄生虫（如蠕虫和锥虫）、一些病毒和细菌（如弯曲杆菌、大肠杆菌、沙门菌、梭状芽孢杆菌和最著名的金黄色葡萄球菌）都能对药物产生耐药性。其中，抗药性金黄色葡萄球菌（耐甲氧西林金黄色葡萄球菌，MRSA）可对包括甲氧西林在内的很多药物产生耐药性。

多种药物混用可能会导致微生物和寄生虫对使用的所有

药物都产生抗药性，这会使兽医和人类医生在治疗疾病时面临无药可用的境地。耐药微生物也会以第四章所描述的方式在动物之间传播，包括从人类传播给其他物种，或从其他物种传播给人类。通过繁殖，它们还会把这种耐药基因遗传给下一代。某些微生物还能与其他微生物共享耐药基因。此类过程会导致细菌对多种药物产生耐药性，例如，耐甲氧西林金黄色葡萄球菌和艰难梭菌等。

这种进化的速度很快，一些细菌在青霉素投入治疗后几个月内就对它产生了耐药性。耐药速度取决于多种因素。如果经常使用药物，微生物和寄生虫产生耐药性的速度就会更快；如果微生物主要借助较差的卫生环境或大型动物群体传播，那么耐药基因的传播就更快；如果低剂量短期用药，或患者自身免疫系统受损，就会导致药物不能将微生物彻底杀死，从而加速其耐药进程。阻止耐药性的发展几乎是不可能的（除非整个社会完全停止使用这类药物），但是，通过改变护理动物的方式、药物处方和用药方法，就有可能延缓耐药性的形成。我们衷心希望微生物耐药的速度能够慢下来，让科学家们有足够时间找到新的抗生素，继而在“军备竞赛”中保持领先。

微生物和寄生虫对现有药物的耐药性驱使着我们坚持寻找新药。可是在过去的半个世纪里，科学家们发现的新抗生素屈指可数。研究人员目前正在寻找潜在的新药来源，例如袋獾乳汁、科莫多巨蜥血液以及人类鼻子中的某些化学物质。也有的研究人员正在重新研究一些古老的治疗方法，例如，按照盎格鲁 - 撒克逊医书中所描述的方法，将牛胆汁、葡萄酒和大蒜混合在一起，据说能杀死小鼠身上慢性感染伤口携带的 MRSA。但是目前看来，微生物才是这场激烈的药理学“军备竞赛”的赢家。即使是许多相对较新的药品——通常仅限于人类使用——也已经在南欧遭遇大肠杆菌和变形杆菌等细菌的耐药性问题。因此，全球各国仍需共同努力，减缓耐药性的发展进程。

医院是抗击耐药性的主战场，这里汇集了大量患者，其中许多患者都长期服用抑制免疫系统的药物（如为了治疗癌症）。所有的患者都应该得到他们所需的药物，但这些药物必须对症，且能够在正确的时间段内以正确的剂量到达正确的身体部位。临床医生在用药之前，应该给患者进行相应检查，准确诊断病情，识别致病微生物，判定这些微生物是否对特定药物具有抗药性（紧急情况除外）。此外，许多患者实际上根本不需要使用抗菌药物，尤其是患有急性胃肠道疾病、呼吸系统疾病、泌尿系统疾病、皮肤病和病毒感染的患者，他们在接受无菌手术之后也不需要使用抗菌药。最重要的是医院一定要避免由于卫生状况不佳而导致微生物在患者之间相互传播。以上这些原则适用于包括人类医院和动物医院在内的所有医院。

另一个战场是饲养了大批动物的农场。这些农场里的动物精神紧张，长期使用低剂量的药物来减少疾病的发生（或许是由于这样能避免大规模轻度感染情况的发生，还能有效促进动物生长）。2016年，人们在一家宠物店里的一名员工和几只动物身上发现了耐药性大肠杆菌。和医院中的患者一样，农场的患病动物也应该得到它们所需的药物，避免遭受痛苦（这一道德义务同样适用于有机农场和其他农场）。虽然人们希望减少抗生素的使用，但是不应因此断绝给患病动物使用它们所需的抗生素。农场应该科学经营，不要习惯性地使用抗生素，也绝不要单纯为了提高产量和收益而使用抗生素。幸好，即便停用出于上述目的使用的抗生素，对农场的收益和饲料成本也几乎没有任何影响。近年来，抗生素的许多类似用途在不少国家都遭到了批判或禁止。

农场需要充分的支持和足够的补贴才能向更好的运营方式过渡，这是当务之急。公众可以共同支持良好的养殖方式，避免给兽医和人类医生施压，停止向他们索要非必需的药品，并且严格按规定的疗程、剂量使用抗生素。抗生素的使用（或滥用）情况在各个国家似乎各不相同，这是一个不争的事实。欧盟已经禁止使用大多数抗生素来促进农场动物生长的饲养方式，但是这种做法在许多其他国家依然常见。在欧洲，丹麦和瑞典两国对人和动物用药有严格的政策限制，因此当地微生物的耐药性很低。意大利人不那么抗拒使用药物，耐药性就有所升高。在希腊等一些国家，抗菌药物是非处方药，人们直接在药店柜台就能买到。

关于耐药微生物是否会从动物传播到人类，以及传播程度如何，目前还存在一些争议。当然，耐药性传播的可能性是存在的，在动物护理和肉类加工的过程中应将这种可能性降至最低。但是，这并不等于有确切的证据表明在动物身上使用药物就一定会导致其产生耐药性。在英国，人类医疗使用的抗生素是兽医使用抗生素的 2.4 倍（按患者的每公斤体重换算）。另外，来自丹麦、德国、荷兰、瑞典和英国的研究显示，在绝大多数情况下，人类身上发现的耐药细菌与在其他物种身上发现的耐药细菌基因并不相同。若想防止耐药微生物不断产生，就需要集中精力研究这些微生物在何处形成，向何处传播。

实验室内

兽医学研究可以帮助我们更好地了解疾病的起因和发病机制，正确地鉴别临床症状，开展精准的检测和安全有效的治疗。为了解动物的生物学、病理学规律，科学家们会对死亡动物进行尸体解剖，对活的动物进行活体解剖以及各种实验。他们通过基因操作、投放有毒剂量的化学物质和外科手术（如阻断血管）等方法对实验室动物造成各种疾病和伤害，目的是以此研究实验室外真实发生的疾病。将药物用于治疗人类患者疾病之前，科学家们还会在实验室动物身上进行实验。开展这类实验研究的最终目的是为人类或动物患者提供帮助。

实验室研究和测试具有许多潜在优势。鉴于科学家们是在可控条件下使用少量动物进行研究的，他们能够真正地专注于某些具体问题，然后再将研究结果应用于更多病人。科学家可以只使用组织样本和细胞进行研究，这样就不会让动物感到不适。另外，小鼠、大鼠和鱼等实验室动物繁殖迅速，在实验室条件下饲养成本相对较低。但是实验室动物研究也有其缺点。有的动物在实验室里被肆意进行基因改造，人工繁育；有的动物从野外捕获之后在室内圈养；还有的动物被人为制造出不适症状，被动染病。进行动物实验的测试过程可能会延缓治疗方法的研发，一些患病的人类和动物在此期间会遭受病痛，甚至死亡。实验室的很多环境条件并不能满足动物的正常需求，动物会痛苦不堪，它们身上承受的压力会导致实验数据缺乏参考价值，这种治疗所引发的伦理考量就更不必说了。许多国家都出台了相关法律，想要减轻实验室动物研究带来的负面影响，可惜并不能做到完全消除。

另一个问题是实验室研究的不是“现实中的”疾病，这些疾病并不是自然发生在患者身上的。虽然实验动物绝大多数是小鼠、大鼠和鱼类，但真正的患者大多数都是人类、农场动物、狗和马。许多实验室动物生活在非自然的，甚至暗藏压力的实验条件下，它们所患的疾病都是由人类造成的：对于一只在实验室里经过手术改造的转基因老鼠来说，如果它恰巧与人类患者不那么相似，它反而是幸运的，可以免受实验之苦。举例来说，研究人员会通过人工手段（包括在小鼠体内植入新的基因，或将人类癌组织移植到小鼠身上，然后用药物阻止其免疫系统对癌组织产生排斥反应等），故意使实验室老鼠患上一些人类原发性癌症。此类实验模式被广泛应用仅仅是因为一向如此——或借用科学家常用的术语来说，这些研究模式是“成熟的模型”。

相比之下，现实世界中病人罹患癌症有着非常复杂的潜在性遗传原因和环境原因。这种癌症的反应也会与实验室啮齿动物体内被诱发的肿瘤情况截然不同。它们可能会出现在不同的组织中，对药物产生不同的反应，并以不同的方式扩散或复发。现实中的患者是生活在多维世界中的复杂个体。因此，某些实验室研究可能会提供误导性信息，导致一些有效的治疗方法因为没能在实验室里发挥作用而未被临床应用，或研发的一些药物在实验室中对动物疗效显著，后来在临床应用阶段才证实对患者有危害。从大多数动物研究中并不能直接获得可用于患者的治疗方式。我们的目标应该是杜绝对活体动物造成伤害的研究，无论是在兽医学还是在其他研究领域。

也许研究目的本身就存在一些问题。生物医学只把动物视为研究生物机制的工具，目的仅仅是把研究结果推广到人类患者身上，这是十分危险的。从本质上来说，此类研究损害动物个体的健康，并且与“在人类医学实践中寻求共情与伦理”这一愿望背道而驰。这很可能会导致人们对实验动物及其生理习性产生误解和偏见，也和临床兽医希望对患病动物形成的共识相去甚远。只要条件允许，任何研究都应该避免让本就承受痛苦的实验动物遭受更多的身心摧残。当研究确实需要使用活体动物时，科学家们一定不要只把它们当作工具或生物学模型，而要把它们当作完整的、有生命的、有知觉的患者个体。

实验室外

基于对动物实验的伦理关怀，人们渴望能利用现成的机会了解动物，而不是故意使它们染病或把它们关在实验室里。与其在实验室条件下刻意地人为制造疾病，不如从已经患病的动物身上学习如何治疗现实中的真实疾病。这类研究包括利用兽医临床试验、兽医诊断或流行病学研究数据，对一些疾病、病因和药物效果进行分析，从而为研发适用于所有物种的新治疗方法提供助力。

例如，有关体外受精的许多开创性工作，都是兽医学家在医治绵羊的过程中推动完成的。还有一个例子，长期以来兽医一直使用磁铁来吸附奶牛胃里的金属，因为奶牛有时会误吞夹在青贮饲料[1]中的电线。最近，医学科学家研制出一种磁性微型机器人，可以从人的胃中取出金属，因为人有时也会不小心误吞电池这样的东西。这两种疗法的具体施展方式最大的区别是：给奶牛治疗用的磁铁通常会永久性地留在它的胃里（要想知道一头奶牛胃里是否有磁铁，可以在它的胸部附近放一个指南针来测试），而给人治疗用的机器人一旦完成工作便会立刻被取出。不过，基本的治疗思路是由奶牛拓展到人身上的。

考虑到宠物犬的患癌风险极高，而且我们对犬类遗传特征的认识也在不断加深，因此，另一个备受关注的领域是犬类癌症及遗传疾病。治疗犬类癌症有助于我们了解癌症在各类物种中是如何作用的。比如，科学家们尝试用多种方法将足量的抗癌药物输送到犬类的某些器官中，这对研发相似的

① 以新鲜的天然植物性饲料、含水量为 45% ～ 55% 的半干青绿植株、新鲜高水分玉米籽实或麦类籽实为主要原料，不经干燥即贮于密闭青贮设备内，经乳酸发酵而成的饲料。——译者注

人类癌症治疗方案大有裨益。由细菌碎片制成的纳米粒子可携带药物进入人类或犬类的脑部,杀死其中的肿瘤细胞。此外,人和宠物犬体内的淋巴瘤细胞都能够被鸡新城疫病毒毒株杀灭,还有的肿瘤细胞能被犬瘟热病毒或麻疹病毒杀灭。

与实验室里开展的实验相比,对宠物犬癌症的研究能够提供更为有效的数据。与实验室小鼠及科学家在鼠身上制造的癌症相比,犬类和它们所患的癌症,都与人类和人类癌症更为相似。宠物犬和人类罹患的一些原发性癌症在临床表现、细胞特征、分子结构、治疗反应和耐药性方面普遍类似。许多癌症都发生在两者相同的身体部位上(如某些骨癌和非霍奇金淋巴瘤等)。犬类和人类一起共享人类的生活环境,一起生活到老,一起享受各种医疗资源,也共同面临相似的危险因素和致病原因。与人类癌症存在差异性同理,由于动物患者在遗传学、解剖学、生理学、生活方式、并发疾病、患病经历和对疾病的反应等方面存在诸多差异,现实世界的动物群体所患的癌症也不尽相同。

研究现实世界中的犬类癌症还可以帮助我们了解癌症的遗传学基础。犬类和人类拥有许多相同的基因,因此二者所患癌症可能有相似的遗传学基础（如结肠肿瘤、直肠肿瘤、骨肿瘤和软组织肿瘤等）。实际上，特定犬种患某类癌症的风险与其品种、家系和现已绘制完成的基因图谱有关。由于犬类单次产崽数量更多，代际间隔更短（易于开展家系研究），基因更简单（在驯化过程中出现了遗传瓶颈），近亲繁殖程度高（在某些谱系中），种群之间基因分离（因为宠物主都想要“纯种”狗）等原因，犬类的研究数据可能比人类数据更有价值。科学的最新进展也使犬类基因测序技术在实际应用中的检测速度越来越快，成本越来越低。

从此类兽医临床治疗中获取数据，看起来比从实验室动物研究中获取数据更加可取。减少对实验室测试的依赖，意味着药物可以更早应用到人类和动物患者身上，这样不仅可以避免延误患者治疗，而且药物也不会因为在实验室或人体测试时没有起作用就被错误地低估疗效。对现实中的真实患者进行研究，还可以避免在实验室研究中人为迫使动物患病。

人们在开展此类兽医试验时也应该怀有同理心，这样才能更好地实现救死扶伤的终极目标。无论是在人类医学领域还是兽医学领域，临床医生都需要解决伦理方面的问题：即什么时候可以在患者（包括人类和动物）身上使用“实验性”药物。同时，每一名医务人员都应该认真确保所有治疗均对患者本身有益——任何医疗都理应如此。事实上，将伦理标准应用于那些有动物患者参与的试验，也就意味着对动物治疗和试验的设计都要更接近于人类的治疗和试验。二者之间的差异仍然存在，但是对动物最基本的尊重原则应当是一致的。此外，使用犬类研究数据也会带来额外的好处，比如使兽医和人类医学更紧密地联系在一起（例如，二者的研究成果都能被主流医学癌症期刊收录）。

健康关系

人类和动物的健康之间的另一个关联是彼此之间的亲密关系。越来越多的证据表明，与健康的宠物为伴可以给宠物主带来一系列增益健康的好处（尽管证明这种关联的某些证据有可能是夸大其词）。饲养宠物可以改善人类的心血管功能，宠物的忠诚陪伴可以帮助宠物主应对突如其来的压力。许多宠物和宠物主都存在超重甚至肥胖问题，或缺乏与自己同类的社交活动，遛狗可以带动宠物主坚持锻炼身体，还能促进宠物主与其他遛狗的宠物主进行社交互动。人与动物的相互关联为人类医生和兽医提供了合作的机会，使他们共同帮助自己的人类患者和动物患者保持健康。

儿童和小动物一起成长也有许多好处，特别有利于促进儿童的心理健康。成长在有宠物的家庭中，孩子通常会有更强的自尊心和更好的社交能力，家庭互动也更多。有孩子的家庭饲养的小狗和小猫会习惯与孩子们一起成长，它们长大后也会发现人类并没有那么可怕。当然，孩子和宠物也会形成极为有益的纽带关系，比如男孩欧文·霍金斯（Owen Howkins）和他三条腿的安纳托利亚牧羊犬哈奇。欧文患有施瓦茨 - 詹佩尔综合征[①]，这种病会导致慢性肌肉萎缩并伴有疼痛；哈奇曾被人绑在铁轨上，被火车压断了尾巴和一条腿。哈奇帮助同样身体不便的欧文克服了重重困难，支撑他每天按时服药，陪伴他忍受疼痛，坚持做康复理疗；同样，虽然小主人欧文深受病痛折磨，哈奇也从他的陪伴中受益良多（图 12）。

① 又称施詹二氏综合征或软骨营养障碍性肌强直，是一种罕见的遗传性疾病。——译者注

图 12　欧文和哈奇

令人遗憾的是，人类与其他动物的关系也有不好的一面（图 13）。有些人不仅虐待弱小动物，还会虐待可怜的孩子或其他弱势无助的受抚养人。虐待行为包括用香烟烫伤、摔打造成骨折或损伤生殖器。许多动物患者身上都会出现多发性或反复性损伤。有些动物患者对他们的监护人非常恐惧，有时甚至表现出“僵化的戒备”[①]；有些患者甚至会表现得非常爱戴施虐者（这在人类医学领域被称为斯德哥尔摩综合征）。虽然有关虐待动物的研究主要集中在狗身上，但巴西的一项

① 指经常遭受暴力对待、时刻处在紧张状态的表情缺失、无法流露感情的表现。——译者注

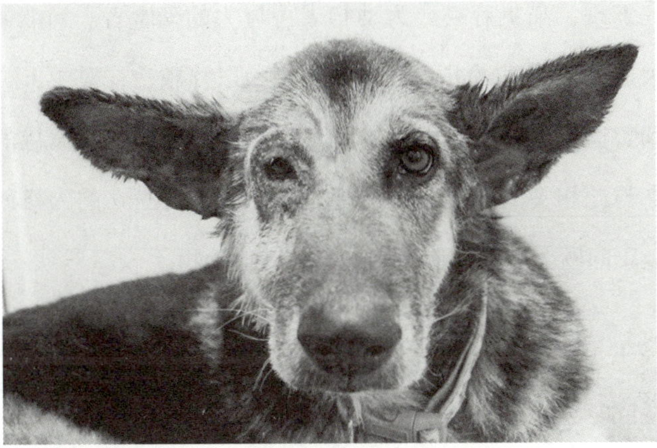

（a）被虐待而饱受病痛折磨的狗

（b）在兽医的关怀和悉心照料下恢复健康的狗

图 13　被虐待的狗及其康复后

研究发现，猫更容易成为动物虐待行为的受害者。当然，许多被虐待的受害者并不会被带去接受医疗救治，对于人类医生和兽医来说，很难一开始就发现患者身上这些被虐待的痕迹。与此相关的一个著名的理论是，施虐者潜在的人格或心理健康问题会驱使他们虐待人类和其他动物。

在儿童和宠物身上，常见的还有一种特殊形式的虐待：儿童或宠物总是被他们的监护人带去就医，但是他们要么根本就没有真的生病，要么是监护人故意害他们患上某种疾病。监护人这样做是为了博取同情或关注，他们这是患上了孟乔森综合征。该病以孟乔森男爵命名，他是一个虚构的生活在18世纪的雇佣兵，沉迷于编造自己的各种冒险经历。1785年，鲁道夫·拉斯佩（Rudolf Raspe）根据一位名叫弗赖赫尔·冯·孟乔森（Freiherr von Münchhausen）男爵的真实经历改编创作的《孟乔森旅俄猎奇录》[①]一书中杜撰了这个人物。这个人物还出现在许多电影中，包括1988年特瑞·吉列姆（Terry Gilliam）的电影《孟乔森男爵历险记》。这些儿童和动物可

① 即《闵希豪生旅俄猎奇录》，该书由德国作家鲁道夫·拉斯佩（1727—1794）用英语写成，1785年在伦敦出版。我国曾译为《敏豪森奇遇记》或《吹牛大王历险记》，作为儿童文学读物出版。——译者注

能最终会被迫接受不必要的、令他们不舒服甚至有危险的医疗护理。有些监护人甚至会给受害者服用各种药品或毒药，伪造出一些疾病的症状。针对这类监护人的心理健康问题，目前已经开展了一些有价值的工作，但是有关识别动物虐待这方面的研究仍处于早期阶段。

并肩作战

自现代医学开篇以来，人类和动物的健康就产生了联系。乔凡尼·兰奇西、鲁道夫·魏尔肖（他首创了“人畜共患病”这一概念，用来指代跨物种传播给人类的疾病）、威廉·奥斯勒（William Osler）等先驱认为，医学的整体概念中不应该有人与动物的分界线。在过去的几十年里，人们尝试着重新建立人与动物健康的关联。我们付出巨大的努力，试图勾勒出一个总体概念，这个概念本质上非常简单：人类和动物的健康是息息相关的（在本书第六章将会讨论，这两者与我们所共同栖居的环境的整体健康状况也密切相关）。重要的是，专家们要携手努力，不拘泥于各自的专业研究领域，共同关注所有动物的健康。

真正危险的想法是：只有当动物健康影响到人类身体健

康时，才有引起关注的必要。禽流感这样的流行疾病有利于促进各界共同合作，人类医生与兽医协同应对这一流感病毒，堪称建立新型合作机制的成功案例。但是，这并不代表人类在改善动物健康方面取得了成功，因为解决这一问题采取的主要手段是大规模扑杀禽类。如果真想在改善人类和动物健康方面有所作为，最好的方法是认真监督农场中鸡、猪和其他动物的饲养方式，防止新型病毒毒株在所有物种中的生发和传播。

人类社会需要综合考虑人类和动物的健康问题。我们需要考虑农场动物的饮食如何影响这些动物自身的健康，继而又影响食用这些动物产品的人类和其他动物的健康。我们还需要考虑人类和宠物的生活方式与癌症之间的因果关系。在全球范围内，世界卫生组织和世界动物卫生组织等卫生机构应当加强合作；在地方，我们可以合作开展兽医和人类医疗实践，例如，组织集体遛狗活动或组建本地教育机构。我们应当意识到，研究动物健康问题不仅仅要研究哪些微生物能感染人类，更要研究能对动物健康造成一系列影响的诸多生理、心理和社交方面的因素。尤其是随着科学的发展，我们已经越来越认识到人类与动物之间有着极为相似的需求，也遭受着相似的苦难。

实际上，我们可以将所有动物——包括人类和非人类——都归属于同一个群体。这个群体的成员拥有许多共同的基因、生物学特征以及生活环境。群体成员之间相互交往，喜欢（或害怕）彼此的陪伴，互相帮助，共同应对生活中的挑战。这些互动意味着许多疾病可能会在群体成员之间传播，传播的方式取决于他们的生活方式和互动方式。不同的个体会以不同的方式受到影响，这主要取决于他们抵御和应对疾病的能力，而这种能力又取决于他们受照顾的精细程度。我们可以把人类和其他动物看作一个相互关联的生态系统中的一分子，任何物种出现的任何问题都可能产生严重的连锁反应。这个群体或生态系统日益全球化，我们将在第六章中继续讨论这个话题。

要想加强合作，我们就需要摒弃将人与动物显著区分开来的做法，因为这些区分往往妨碍了人们将不同的物种相提并论，让人不能将心比心。我们有时会认为，高质量的健康生活对于人类和动物而言含义截然不同。我们不会把“症状”之类的词用在动物身上，当动物生病、受伤或受到虐待时，我们往往会忽略它们的感受，甚至不相信它们也会感到难受。我们将其他脊椎动物置于人类无法承受的疾病风险或环境条件下，还利用动物进行各种实验，但这些实验与我们想要帮助的病人的真实情况相比，几乎毫无相似之处。事实上，我们在使用“医学”这个术语时仿佛理所当然地认为它只适用于人类，并没有认识到“医学”还包括许许多多的专门研究。这是一些文化、社会和伦理上的差异，而不是科学上的差异。如果能够做到及时反思，心怀敬意，敞开胸怀，我们就更容易消除这些差异。

第六章
全球兽医学

06

全球群体

我们生活在一个全球化的社会中，同食品工业和气候变化一样，兽医学也正处于全球化进程中。有些致病的细胞、微生物、寄生虫和基因虽然体型微小，但它们在地球上传播的范围却极为广泛。换言之，地理空间的距离不是细菌和基因传播的主要障碍，也不是阻碍不同动物之间相互交往的主要屏障。许多既影响人类自身，又影响动物和环境的关键问题不仅牵涉到单独的个体及种群，也涉及日益紧密相连的世界各大洲。我们现在需要将全世界所有的动物当作一个种群来考量全球范围内的群体医学。

动物们早已离开它们最初的栖息地，散布到世界各地。原产于亚洲的鸡如今在美洲被广泛养殖，而北美野生的火鸡现在在亚洲也能饲养；原产于安第斯山脉的豚鼠如今也可以在非洲繁育养殖。许多爬行动物和鸟类也都离开自己的原产国，被世界各地的人们当作宠物喂养。鬃狮蜥和虎皮鹦鹉原产于澳大利亚，鹦鹉来自非洲或南美洲，金黄地鼠来自叙利亚，毛丝鼠最初来自智利、秘鲁、阿根廷和玻利维亚（尽管它们目前在这些原产国已经灭绝或濒临灭绝）。鹿、骆驼、猪、狐狸、貂、猫、老鼠、兔子、小袋鼠、鸽子、长尾鹦鹉、野鸡、雀、鹅、壁虎、蛇、水龟、蟾蜍、鳟鱼、鲤鱼和螃蟹等野生动物被人类带到了世界各地。连新西兰这样的群岛上也存在大量外来物种，包括用于农牧业的奶牛和用作皮毛制品的澳大利亚刷尾负鼠等。

只有一小部分常见物种、品种的动物在世界各地的养殖行业中广受青睐，这种情况会显著增加全球性疾病暴发的风险和破坏性。如果某种微生物感染了猪、鸡或人类，那么它很快便能在全世界各个角落找到自己的宿主。实际上，许多农场动物在经过培育之后都变得与彼此更为相似，比如世界各国使用的种鸡都是一些基因近似的品种。这些动物往往拥有相似的基因、免疫系统和疾病易感性，并且通常饲养在相似的环境中。如果这些动物品种极易感染某种特定微生物或出现某种遗传问题，那么由此引发的疾病就会在全球“种群”中大肆传播，最终导致这类动物在全球范围内大规模死亡。

动物和动物产品的跨国分销也会使它们携带的微生物和基因被到处传播。如果动物在疾病潜伏期内被销售到世界各地，就极有可能造成疾病的蔓延。裂谷热很可能是通过非洲的牛传播到阿拉伯半岛的。人类很可能是通过进口的奶牛（或是进口的鹿群和人类自己）将结核病带到了新西兰。进口的负鼠随后也受到了感染——人类正在消灭这些负鼠，竭力降低奶牛患结核病的风险。此外，人类还能将传播微生物的无脊椎动物（如昆虫和蜱）带到它们原始的栖息地之外。人们在搬迁或度假时，身上和随身物品中也可能会携带一些动物性微生物。有些微生物本来绝无相遇的机会，但是世界范围内的交互传播使不同的微生物混杂在一起，这很可能导致它们产生共同的耐药性或进化为新的菌株。

微生物在世界各地传播的过程中，有时会与地方种群发生接触。一个典型案例是从北美进口的灰松鼠能将痘病毒感染给英国当地的红松鼠。灰松鼠会与红松鼠抢夺资源，并且竞争能力很强。但是通常情况下它们根本用不着竞争，灰松鼠刚到一个地方，本地的红松鼠很快就被它们传染的疾病消灭了。灰松鼠的免疫力也非常强，它们能向其他物种传播病毒，但是自己却毫发无伤。红松鼠对这种病毒毫无招架之力，一旦感染很快就会丧命。这种情况与欧洲天花病毒在美洲的传播有着骇人的相似之处，那场浩劫几乎杀死了所有的土著人（也杀死了相当多的移民）。当然，这绝对不是灰松鼠的错。

另一个例子是壶菌。世界各地的野生两栖动物都遭受了壶菌的威胁，近几年主要集中在东南亚地区。这种真菌很可能来自非洲，近几年通过非洲爪蟾的宠物贸易或通过圈养繁育的美洲蛙不断传播。同许多疾病一样，壶菌对非洲本地动物的危害不大（否则壶菌所寄生的宿主动物可能早就被它灭绝了），可是一旦传播给境外那些对壶菌缺乏免疫力的动物，就会对全世界的野生两栖动物造成毁灭性的打击。遗憾的是，最近人们又发现了一种与壶菌类似的、能感染蝾螈的真菌物种。

当然，传染病的传播本不是什么新鲜事。例如，历史上的鼠疫很可能源于蒙古旱獭，之后由老鼠身上的跳蚤传播开来。数千年来，有迁徙习性的动物将各个大洲连接在一起，同时也在向四面八方散播着疾病（现在还包括携带禽流感病毒的鸟类和携带疏螺旋体的蜱虫）。西尼罗河病毒经常沿着鸟类的迁徙路线沿途传播，对当地鸟群造成毁灭性危害。这种病毒最初传入美国的原因可能是人类携带了受感染的动物或蚊子。人们惊奇地发现一些北方穗䳭鸟从非洲迁徙到了北美洲，但是还没有任何证据表明它们确实传播了疾病。与以往不同的是，随着国际联系规模的不断扩大，疾病的传播范围也愈加广泛。

想要更好地了解疾病如何在各大洲之间传播，一种卓有成效的方法是将全球动物的健康问题视为一个覆盖全球的生态系统的问题。兽医非常善于掌握疾病如何在某个农场里、某个动物品种中或某块土地上传播，只要合理运用一些基本的兽医学原理，就能帮助我们了解世界各地的不同疾病。这种全球群体理念可以帮助我们找到更好的方法预防疾病的传播，并将疾病造成的影响降到最低。各个国家的兽医学家和人类医学家也应当更多地关注其他国家的动物健康问题，因为这些动物今后很可能会成为本国动物感染的来源。这也意味着应该向那些兽医学发展缓慢的国家提供一定的学科支持。

应对未来挑战

今后，兽医学将越来越多地处理人类活动给动物的生活环境造成的负面影响，这既包括地方环境，也包括全球环境。人类活动会直接损害动物的健康，导致它们天然的生理习性和行为活动无法适应变化多端的或人工改造的环境。有的动物在遭遇石油泄漏污染、交通事故伤害，或在忍受饥饿、栖息地被破坏之后，可能需要接受治疗。如图 14 所示，当鸟类羽毛受到油污污染后，我们需要帮助鸟类清理油污。还有的动物在掉入陷阱或被卷入人造废弃物之后也需要医疗救助，包括各种被罗网困住的动物，吞入废弃鱼线的水鸟，误把塑料袋当作水母吃掉的海龟，困在渔民遗失或故意丢弃的“幽灵网”中的海洋动物，脚爪被废弃的绳子或钓鱼线缠住的鸽子，以及错把塑料当成天然可生物降解材料拿来筑巢的海鸟，等等。兽医也许能够救治其中的一些动物，但最好还是防患于未然。

兽医也可以尽量减少人类从野外捕获动物之后对它们造成的伤害。这些动物从它们生活的自然环境中被带走，远离

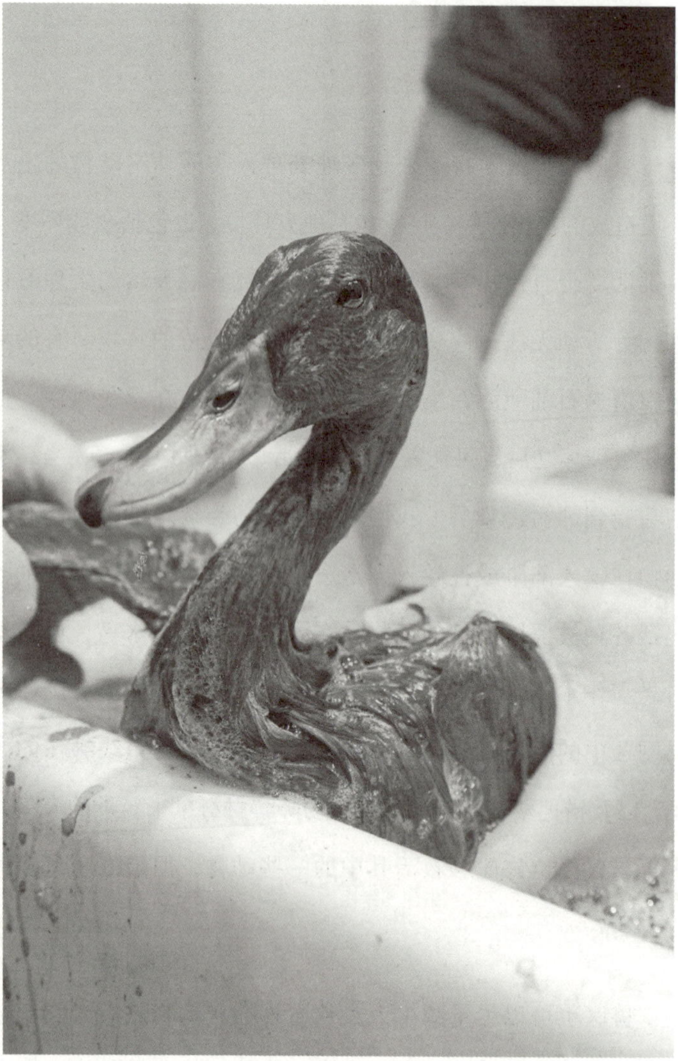

图 14　帮助鸟类清理油污

自己熟悉的家庭成员或社群。经过长途运输之后，它们可能会被送到全新的人造环境中，饲养在动物展览馆、马戏团、水族馆、生态缸、动物笼舍、人类家庭，或是气候差异较大的田野中。这种流离失所带来的压力有可能引发动物原本自己可以抵御的某些疾病，或迫使动物出现精神健康障碍，比如行为重复就是一种典型的表现，我们有时会在一些从野外抓回来圈养的动物身上看到这种情况。动物本身可能就携带有微生物或寄生虫，到了新环境后还会接触到一些新的微生物或寄生虫。此外，将它们带离自己的社群，会使留下的动物数量减少、秩序混乱，导致自然生态系统平衡被破坏，生物多样性减损，并危及到这个物种的生存。兽医虽然可以帮助动物个体减少颠沛流离给它们带来的负面影响，但却很难修复一个完整的生态系统。

人类活动还会对动物的数量和迁徙造成影响，最终导致动物出现各种健康问题。比如修筑新的道路破坏了动物栖息地，或其他破坏性活动造成某种动物的捕食者或猎物减少，这些都会对动物种群产生不良影响，使它们更容易感染疾病，身体更虚弱，更焦虑不安或更容易近亲繁殖。例如，在美国北部地区，人类不断地砍伐森林又重新造林，持续破坏野生动物的栖息地，侵扰了它们的生活，致使疏螺旋体感染大肆流行。在更靠近热带的地区，利什曼原虫和锥虫等微生物的传播则与伐木和采矿等土地使用的变化情况有关。一项研究发现，在毁林严重的地区，红疣猴身上会携带更多蠕虫，这可能是因为它们在家园被毁之后与人类发生了更多接触。更为普遍的情况是，人类活动常常使动物同人类以及家畜的接触更加密切。例如，城市附近的狐狸和山猫可能会因为接触到宠物猫狗而感染它们身上的微生物和寄生虫。

随着全球变暖的加剧，气温升高也会导致各地出现更多的高温病例。体温过高会降低动物的免疫力、生育能力和生产力；干旱可能会导致动物（尤其是产奶动物）脱水，还会降低牧草和农作物质量；洪水会造成钩端螺旋体病和裂谷热等疾病的传播。这些健康问题大都出现在发展中国家，因此能吸引到的科研投资非常有限。以全球性的眼光来看，兽医学需要学习应对越来越多的新情况，才能为此类疾病提供治疗方案。

特别需要注意的是，兽医们可能会发现有些重症疾病的波及范围正在扩大。因为随着气候的变化有些地区正在变暖

（冷）或变湿（干），更适宜微生物和携带微生物的动物们四处活动。许多疾病能对经济产生重大影响或危害性极大，一些通常只在温暖地区出现的疾病似乎正在向新的区域蔓延，比如利什曼原虫病、裂谷热和西尼罗河病等。导致尼帕病毒传播的部分原因可能在于气候的变化以及不当的养猪方法。在突尼斯，全球变暖可能会导致沙鼠在沙漠中到处寻找各种可食用的植物，在觅食过程中将利什曼原虫病传播开来。土地使用形式的变化，如人造湖泊等，也会为寄生虫宿主提供适宜的生存环境，或成为那些携带致病菌的昆虫繁殖的温床。

有些污染的危害性是显而易见的，比如石油泄漏。兽医学能找到处理这类灾祸的最佳方式。然而许多污染带来的影响是微妙而广泛的，长期暴露在污染物中，人类和动物都会出现健康问题（如因空气污染或吸烟导致的呼吸道疾病或癌症）。动物自身无法排出的某些毒素或非天然化学物质会在动物体内大量积聚。因此，某些动物就会面临特殊的风险，比如有些鱼类会因重金属或农药泄漏到水中而中毒，还有一些掠食性鱼类因为食用了被污染的小鱼而中毒。治疗鱼类疾病的兽医实际上还要处理因水污染或水质差引发的疾病，比如肥料会促进水中的藻类生长，消耗某些微生物所需的氧气，导致这些微生物无法继续维持水质清洁。但有些污染问题可能是由兽医的治疗造成的，例如，给农场动物大范围使用双氯芬酸抗炎药，这种药对秃鹫有剧毒，使印度次大陆的数个物种几乎濒临灭绝。

人类也会把自己和家畜的居所建造在野生动物栖息地附近，这就增加了双方互相接触的机会，以及接触彼此制造的垃圾的机会。流感病毒或尼帕病毒等微生物会通过人类或家畜波及生活在附近的野生动物，或从后者蔓延到前者。尤其需要关注的是人类、家禽和野生鸟类之间的交叉感染问题。在大规模的家禽养殖场所，微生物会在感染野生动物或人类之前不断繁殖积聚，并且可能发生变异。由野生动物或人类引发的感染，同样也会在家禽中迅速传播并造成毁灭性打击，随后相继感染其他野生动物、工作人员以及所有吃过受感染的肉或蛋的动物。这类传染病很难控制，通常只能大规模扑杀动物。

城市扩张导致自然环境不断缩小，一些野生动物也开始到人类栖息地寻求生存，藏身于贫民窟和垃圾场中，这些动物更容易感染人类或其他城市动物身上的微生物。尽管城市动物似乎具有很强的适应能力，但它们适应城市环境的能力仍需不断进化和提升。城市环境中的动物（包括人类）应对疾病的能力相对较弱，总体而言也不够健康，而且它们（同样包括人类）的种群密度也远远高于野生动物，潜在的疾病传播风险更高。兽医不但要治疗那些受感染的动物，还要降低它们向人类和其他动物传播疾病风险。近年来，人文科学、兽医学和环境科学之间的合作更加密切，比如给流浪狗和野生动物接种疫苗可以有效地控制狂犬病，这要比只给人类接种疫苗效果更好。

人类活动不但改变着地方环境，也对全球环境造成了影响。兽医学需要更精准地预测疾病将会如何出现，更积极地预防疾病的传播，当某些疾病不可避免地发生时，兽医们需要迅速识别疾病并相应地做出有效的反应。然而，我们并不总能准确预测人类活动将如何影响某片动物栖息地，以及如何影响生活在该栖息地及其周边的动物健康情况。生态系统体现的是动物和环境之间复杂的相互联系，改变其中某一个方面都可能会产生难以预料的影响，也许最好的预防策略是让现有的自然环境维持原状，不受干涉。

兽医保护

人类活动对野生动物造成的巨大影响，可能导致生物多样性减少，并威胁到某些物种的生存。改善野生动物健康状况是动物保护的一个关键组成部分，人类正试图通过这种方式来抵消人类活动对自然过程和对野生动物造成的影响。兽医学可以协助保护健康动物，治疗患病动物，在保护物种及生物多样性方面发挥鲜明的作用。

兽医最显著的贡献是当某一濒危物种数量极低时，个体存活对物种存续具有极为重要的意义，而兽医可以通过治疗濒危动物个体，维持物种的延续。例如，原本全世界仅有一头雄性和两头雌性北白犀存活于世，而在笔者编写这本书的时候，唯一的那头雄性北白犀已经死亡。这时，物种能否延续完全取决于仅存的动物个体能否保持健康。不幸的是，这对于其他犀牛来说为时已晚，比如西部黑犀牛已经被宣告灭绝。那些经过治疗顺利康复的动物在被放归自然之后，将继续对生态系统带来有益的影响，它们会捕食其他动物或被其他动物捕食，与其他动物相互竞争，不断繁衍自己的后代，给土壤施肥，等等。身处环境之中的所有动物都是相互依存的，对那些起到关键作用的动物进行治疗，可以防止其所在的生态系统发生“解体”。

然而，对待个体动物也应当遵循预防胜于治疗的原则。不应只为已经生病的动物治疗，还应当从根本上防止它们受伤或生病。兽医学的一些方法可以帮助人们找出动物生病或受伤的原因，并加以避免。此外，兽医可以协助控制某些疾病的传播，比如考拉身上的逆转录病毒和衣原体，以及两栖动物身上的蛙病毒和壶菌。兽医还可以为野生动物接种疫苗，以预防狂犬病等疾病。不仅如此，兽医还可以通过减少近亲繁殖、选择优良个体配种以及检测动物 DNA 来追踪动物如何选择配偶等方法，进一步改善野生种群的遗传基因，尤其是针对那些因偷猎泛滥导致规模较小的动物种群和因栖息地遭到破坏导致被孤立的动物种群。

按照同样的逻辑，兽医学可以提醒人类避免开展某些活动，以防野生动物传播疾病。还可以帮助我们发现哪些栖息地被破坏会造成动物迁离，哪些地方的农场动物会与当地野生动物之间相互构成威胁，以及把哪些野生动物当作宠物饲养时会传播疾病。本书所涉及的许多疾病都与人类活动有关，这些活动会造成微生物不断扩散，重创当地的动物种群。全球家畜群中传播的疾病很容易波及野生动物种群，因为微生物还可以双向传播。从更广泛的角度来看，栖息地遭到破坏和气候变化可能会使动物更难以应对各种疾病，更容易受到严重影响。

兽医学可以善用群体理念开展动物保护工作。兽医习惯于从整体角度考虑动物种群的健康状况，在一个物种内或多个物种间平衡不同个体的利益。兽医学需要考虑动物个体的健康状况会对群体产生怎样的影响，以及如何才能维持物种最佳的整体健康状态。兽医学的理念和方法可以先应用于个体，然后到群体，再到生态系统，最终应用于由人类、动物和其他物种构成的整个世界。身体由细胞和器官构成，它们之间相互作用的复杂程度远远超过各部分独立作用的复杂程度之和。同理，生态系统是在所有成员的相互作用下形成的，人类对其中某一部分造成的影响，或许会给其他部分乃至整个生态系统带来不可预测的后果。

兽医工作的目的在于预防动物生病，因此全面关注所有动物以及整个生态系统尤为重要。兽医学在大型哺乳动物之中应用最为广泛，因为它们通常是每个生态系统（或动物藏品）中最具“魅力”的动物，也是受到不道德的人类活动（如大型狩猎）直接影响最为严重的物种。但是，物种之间的相互关联表明要保护自然生态健康就需要关注所有动物的健康，包括哺乳动物、鸟类、爬行动物、鱼类、两栖动物、昆虫、珊瑚，以及帮助维持生态系统平衡的植物、真菌和多种微生物等。我们所谓的“群体”指代的应当是整个全球生态系统。

悉心保护

兽医学还可以确保我们在管理野生动物时尽可能地减少对动物健康造成的危害。临床医生在治疗个别患者时会竭力避免产生副作用，人类社会在努力改善环境健康的同时也要极力避免产生预料之外的负面影响。

兽医学可以防止我们在拯救或繁殖濒危动物时出现始料不及的后果。我们想要挽救某个物种的美好愿望，并不意味着要不惜一切代价让该物种的动物个体得以幸存，特别是不要仅仅为了弥补或推迟人类活动不断制造的麻烦后果而这样做。自然资源保护主义者需要评估某些自以为有益的行为给动物造成的痛苦，比如在动物计划配种期间把它们关在一起，为挽救某一物种的最后一只动物而延长它的寿命，给偷猎者伤害过的动物实施救治，等等。他们也需要理解，对野生动物来说，被关起来圈养也是一种折磨，与人类接触更会使它们痛苦至极。

同样，兽医学的应用有助于避免动物在迁移过程中传播疾病。譬如，当动物的原生栖息地遭到破坏时，我们需要帮助它们从这些地区迁移出来。但需要注意的是，安置在新环境中的动物很可能会传播疾病，危害未经免疫的新邻居们。在兽医学指导下，我们可以挑选更加健康的动物进行迁移，并及时采取适当的检疫和生物安全措施。通过了解微生物和动物，兽医学可以帮助我们弄清微生物和寄生虫如何在环境中生存，以及如何影响当地动物种群（如种群中是否有寄生虫早期的宿主）。

同时，兽医学还能帮助那些迁居异地的动物获得更好的生存机会。动物迁移到陌生的环境后，会遇到许多新的竞争和陌生的微生物。事实上，我们可以预料到，这些动物在新环境中会遇到多种疾病，数量甚至比它们带来的疾病还要多。

如果治疗和救助这些动物的结果仅仅是让它们饿死或延缓死亡的话，这种救助就弊大于利。科学地了解本地动物和需要再安置动物的遗传学特征，有助于评估、选择迁移动物的最佳安置地，最大限度确保它们基因健康。

兽医学可以帮助我们改进限制野生种群的方法，判定是否应当人为干预、控制野生种群数量。具体方法包括直接猎杀动物、引入动物的天敌或黏液瘤病之类的疾病等。兽医学还可以帮助我们确认哪些方法会直接对动物造成伤害，哪些会对生态系统、其他动物或人类的健康产生连锁反应。在非洲，猎杀豹子可以增加狒狒的数量，而这些狒狒很可能会把身上的寄生虫传播给人类；在热带草原，有些昆虫会传播昏睡病之类的疾病，但如果破坏这些昆虫的栖息地，则可能会对当地生态系统造成更大范围的影响。在英国，人们为控制牛结核病射杀了数千只獾。尸检结果表明，许多獾因为没被一击致命，死前承受了巨大的痛苦。兽医学研究表明，人类有时最好不要试图控制野生种群，否则容易弄巧成拙。

如果将世界范围内所有动物及生态系统的健康视为一个整体，我们便会发现环境影响不仅本身就是问题所在，更是某些潜在问题的临床症状。对于动物个体而言，体重减轻可能是潜在疾病的征兆；对于一个物种而言，种群数量的减少可能暗示着该物种内已经出现了致命性的疾病。这种思维方式有助于指导我们做出下一步行动。兽医不仅应该做到对动物个体对症下药，还要设法解决引发疾病的根本病因。同样，在“全球群体”的理念下，不应该把重点放在拯救濒危物种的最后一只动物上面（尤其当这样做不利于动物个体的利益时），而要更多地关注生物多样性丧失的问题，解决问题产生的根源，比如栖息地被破坏、气候变化和各类污染等。

未来农牧业

兽医学最振奋人心的前景是，它可以帮助农场主避免某些养殖体系给牲畜带来的生理和心理健康问题，使养殖体系更具可持续性，使农场主能从中获取更多的经济利益。兽医学正在逐渐消灭牛结核病、口蹄疫、羊瘙痒病和羊瘟等传染性疾病（尽管新的传染病也在不断出现）。兽医学可以重新设计养殖体系，减少对抗生素和预防性外科手术的需求，还可以帮助培育出更多的动物，使其能够更好地适应养殖体系，而且不会携带新的基因问题。

很重要的一点是，此类进步要避免造成一种局面，即动物们不断被迫适应新的、设计不佳的养殖体系，这会给它们增加额外的压力。兽医学可以确保养殖方法能够适合不同类型的动物。同样重要的是，发展中的行业不要误把其他行业已经淘汰的过时体系当作“新方法”采用。

我们的养殖方式给动物施加的各种压力，归根结底是来自零售商以及消费者给农场主们施加的压力。因此，为实现农牧业健康发展，应当为优秀的农场主提供财政支持，在一定程度上避免过度竞争，防止以牺牲动物、农民、环境为代价削减成本。各类农业补贴、贸易协定和其他的市场激励措施要把动物、人类和环境健康定作核心价值。经济底线应当与保护农场主、消费者、公共安全、环境和动物自身等其他目标保持平衡。例如，鉴于鱼类养殖的重要性日益增加，兽医学需要发挥关键作用，确保甲壳类、贝类和鱼类养殖产品不仅安全、健康、富有营养，而且在养殖过程中能够最大限度地减少对当地环境乃至全球环境的影响。

实际上，增加对兽医学的研究投入对全球经济也起着积极影响。健康的动物能为农场主提供更好的经济保障，同时也可以为消费者的食品安全保驾护航。健康的动物可以存活更久，产出更多，生长更快，并且所需药品也更少。有研究证明，如果常规使用抗生素来避免动物患轻症疾病，农场的实际支出可能比节省的成本更多。饲养的动物越健康，农场主向消费者的要价就越高，或许还能从富有远见的政府那里获得更多的补贴。考虑到世界上约有三分之二的贫困人口以农牧业为生，支持自给自足和小规模农牧业也有助于减缓贫困人口的增长速度。这样，农牧民们就能够投入更多资金，给自己的动物提供优质的食物、充分的休息、完善的兽医护理、舒适的畜牧器具和畜舍，实现良性循环。减少贫困人口还能使人类少食用野味，为牲畜提供清洁卫生的生活条件，从而降低疾病跨物种传播的风险。

预防疾病在短期内会花费更多，但从长远来看是值得投入的。如果对役畜照料不当，就会影响它们为主人带来更多的收益。人类为了彻底根除禽流感已经花费了数十亿美元。为应对尼帕病毒，几乎摧毁了马来西亚价值数十亿美元的生猪产业。非典型性肺炎的暴发导致旅游业和金融市场损失惨重。许多国家也无力承担由农场动物或野生动物引发的人类疾病的医疗费用。因此，各国政府需要确保相关部门责任落实到位。把动物照顾得更好，往往能带来更多的利润——至少能保证财务的可持续性——因为对农场主而言，有足够的现金流来投资，才能在未来获取更多收益。

在那些存在肥胖和过度污染问题的发达国家，提高粮食安全并不是要实现产量最大化。据估计，全球高达 70% 的人类食物摄入量是由各个牧场和小农场提供的。因此，发展的目标首先是着力支持发展中国家的小农户，使其产出最大化。仅为小农户们提供动物是不够的。在某些项目中参与安置牲畜的组织应确保这些牲畜具有生产力，否则这些努力就相当于用“大型宠物”加重了小农户的负担。同样重要的是，要确保这些动物的福祉得到维护，避免它们因各种原因遭受痛苦。

兽医学有助于保护全球环境。有些畜牧养殖业会产生大量的甲烷，毁林养殖也会释放出气体。多年来，兽医学家一直在寻找方法，减少奶牛、绵羊和山羊肠胃消化所产生的甲烷。人们尝试改变它们的饮食结构（如改变饲料中鞣酸的含量），改变动物胃中的微生物，或改良动物基因（如筛选出排放甲烷较少的绵羊或奶牛）。遗憾的是，这几种看似前景不错的方法都存在着增加健康问题的风险，例如胃酸中毒、毒副作用、肝脓肿及饲养转化率下降等。事实上，畜养健康、长寿的草饲奶牛，就能将甲烷排放量减少 15% ～ 30%，还能降低奶牛不育、跛行、乳房感染和热应激疾病的发生率。另外还有研究表明，甲烷对环境的危害并不像先前人们认为的那么严重。

我们需要找到一种方法兼顾动物、农场主、消费者、当地环境、全球群体以及生态系统的健康和福祉。只有这样做，我们才能实现兽医誓言中的所有目标：选择消耗资源更少的绿色农牧体系；从经济、环境和公平性方面为动物和农场主提供更好的生活；确保动物能够应对潜在的挑战；为消费者更加营养、更加安全的肉、蛋和奶；避免过度污染生态环境。随着了解的加深，我们已经认识到动物福利、肥胖、污染、抗生素耐药性和生物多样性减少等方面都有其潜在的长期成本，兽医学家可以帮助动物和农场一起改进不良的养殖方式。

后 记

未来兽医学

兽医学即将迎来一个崭新的光明未来。它对患病动物个体、种群、生态系统、经济、社会和环境的健康、发展、功能、适应力和福祉都至关重要，不仅跨越物种，而且覆盖全球。兽医学可以治疗疾病和人类活动给动物造成的损伤，可以解决新老疾病带来的问题，还可以防患一些疾病于未然。兽医学能够从科学的角度揭示人类与动物互动方式的根本性变化，而新一代兽医学家要在职业生涯中推动一些变革。兽医的主要工作是帮助那些像人类一样会生病、能感受到痛苦的动物，但兽医学对于保护人类身体、经济和环境健康也同样至关重要。兽医学服务于相互关联的动物种群和全球生态系统，包括农业、贸易、旅游业和野生动物等。我们要科学地考虑以下情况可能导致的难以预料的疾病风险：几百万只基因相似、压力巨大、免疫力低下的动物，被安置在密集的环境中代代繁衍，然后运往世界各地，成为其他动物的食物。我们知道，对这些动物的同情和关爱是保护个人福祉和预防灾难性疾病的关键。我们也知道，需要在所有国家建立足够的兽医基础设施——无论是公共的、私营的，还是慈善机构资助的——以保护人类和动物。

爱护动物是对全球人类、动物和环境都有裨益且不可或缺的必要举措，而不应是只在发达国家才能实现的奢望。虽然环境污染、气候变化、物种灭绝和人类生活方式改变还没有构成危机，但包括上述问题在内的各种全球性问题仍然令我们担忧。兽医学可以通过实证研究、定性和分级处理等方法，以务实解决问题为导向来处理问题或避免问题发生。越来越多的科学问题需要放在政治、社会和历史背景中综合看待。

这拓宽了兽医学的理念，使其涵盖了对经济稳定、粮食安全和社会公正的全球性关切。

我们关注经济，就应该关注对每一个人都真正有价值的问题。我们想要消除贫困，就应该禁止砍伐森林、污染环境和过度消费等行为。我们关心食品安全，就应该重视农牧业的健康和可持续发展。我们想要社会正义，就要避免对任何年龄、性别、国家、种族和物种的剥削。幸运的是，这些目标是一致的：农牧业向好发展也就意味着畜舍环境得到改善、动物管理规范化、土地管理优化，而这些都有益于人类健康、社会正义和食品安全。尽管全球关注的这些问题最终可能会导致肉类消耗量减少，但世界上仍有大片地区不适合农作物生产，而在这些地区发展农牧业有助于优化土地管理，兽医学也有望让这些地区得到更多关注。

兽医学与其他科学研究之间的相互影响和融合将会愈发紧密。与人类医学和生态学一样，兽医学还将与动物科学、农学、营养学、商学、经济学、社会学、人类学、气象学和气候学相互融合。兽医学是帮助人类努力认识世界的一个学科，它使世界变得更好，或至少能减少一些伤害。只有与各学科加强合作，才能共同实现这些目标。

名词表

A

阿尔夫·怀特	Alf Wight
阿尔马克里兹	Almaqrizi
阿普叙陀斯	Apsyrtus
埃博拉病毒	Ebola virus
埃什南纳法典	laws of Eshnunna
爱德华·詹纳	Edward Jenner
奥尔格·戈特弗里德·青克	Georg Gottfried Zinke

B

B. F. 斯金纳	B. F. Skinner
巴氏杀菌法	pasteurization
白鼻综合征	white nose syndrome
薄伽丘	Boccaccio
保护	conservation
跛行、跛脚	lameness

不育	infertility

C

采采蝇	Tsetse flies
查尔斯·达尔文	Charles Darwin
查尔斯·科姆特	Charles Comte
查尔斯·朱尔斯·亨利·尼柯尔	Charles Jules Henry Nicolle
重复	repetitive
畜群，群体，种群	herd
磁共振成像	magnetic resonance imaging (MRI)

D

丹尼尔·沙门	Daniel Salmon
德谟克利特	Democritus
断尾术	tail-docking

E

恶心	nausea

F

肥料	fertilizers
肥胖	obesity
副作用	side-effects

G

盖伦	Galen
格雷戈尔・孟德尔	Gregor Mendel
隔离	quarantine
弓形虫病 / 弓形虫	Toxoplasmosis/*Toxoplasma*
骨质疏松症	osteoporosis
关节炎	arthritis
过敏	allergies

H

哈奇・霍金斯	Haatchi Howkins
汉穆拉比法典	Code of Hammurabi
汉斯・赛利	Hans Selye
亨德拉病毒	Hendra virus
化疗	chemotherapy
幻肢痛	phantom limb pain
昏睡病	sleeping sickness
活体解剖	vivisection

J

J. B. 华生	J. B. Watson
饥饿	starvation
吉米・哈利	James Herriot

激素	hormones
疾病控制与预防中心	Center for Disease Control (CDC)
计算机体层成像	computed tomography (CT)
加州吸虫	*Euhaplorchis californiensis*
甲烷	methane
焦虑	anxiety
结核病	tuberculosis
经济	economics/finances
军备竞赛（微生物）	arms races (microbes)

K

卡达努斯	Cardanus
卡尔・冯・弗里施	Karl von Frisch
卡洛・瑞尼	Carlo Ruin
康拉德・洛伦兹	Konrad Lorenz
抗菌剂	antiseptics
抗生素	antibiotics
抗体	antibodies
克洛德・布尔热拉	Claude Bourgelat
恐惧症	phobias
口蹄疫	foot and mouth disease
狂犬病	rabies

L

莱姆病	Lyme disease
利什曼病 / 利什曼原虫	leishmaniosis/*Leishmania*
粮食安全	food security
裂谷热	Rift Valley disease
临床试验	clinical trials
流感	influenza
鲁道夫・魏尔肖	Rudolf Virchow
路易斯・巴斯德	Louis Pasteur
罗伯特・玻意耳	Robert Boyle
罗伯特・科赫	Robert Koch
螺旋体病 / 螺旋体	Borreliosis/*Borrelia*

M

麻醉	anaesthesia
孟乔森综合征	Munchausen syndrome
面部表情	facial expressions

N

纳米粒子	nanoparticles
耐甲氧西林金黄色葡萄球菌	methicillin-resistant *Staph.aureus*(MRSA)
尼古拉斯・廷伯根	Nikolaas Tinbergen
尼帕病 / 病毒	Nipah disease/virus

牛痘	cowpox
牛海绵状脑病（疯牛病）	bovine spongiform encephalopathy (BSE)
牛结节性皮肤病	lumpy skin disease
牛瘟	cattle plague

O

欧文·霍金斯	Owen Howkins

P

皮癣	ringworm
破伤风	tetanus

Q

栖息地的破坏	habitat destruction
气候变化	climate change
强迫症	compulsive/obsessive disorders
乔凡尼·兰奇西	Giovanni Lancisi
禽流感	bird flu
曲霉	*Aspergillus*
犬瘟热	distemper

R

让－约瑟夫－亨利·杜桑	Jean-Joseph-Henri Toussaint

人类医学	‘anthropic’ medicine
人与动物	human–animal
肉毒中毒	botulism
肉制品检验	meat inspection

S

沙利和塔	Salihotra
沙门菌	*Salmonella*
社会正义	social justice
生物安全	biosecurity
生物多样性	biodiversity
尸检，尸体解剖	autopsy
石油泄漏	oil spills
世界动物卫生组织	Office International des Epizooties (OIE)
世界卫生组织	World Health Organization (WHO)
市场（动物）	markets (animal)
誓词	oaths
鼠疫	bubonic plague
鼠疫杆菌	*Yersinia pestis*
数字技术	digital technology
双氯芬酸	diclofenac
顺势疗法	homeopathy
斯德哥尔摩综合征	Stockholm syndrome
斯蒂芬・黑尔斯	Stephen Hales

T

泰奥弗拉斯托斯	Theophrastu
糖尿病	diabetes
体外受精	*in vitro* fertilization (IVF)
天花	smallpox
托马斯・贝茨	Thomas Bates
托马斯・布伦德威尔	Thomas Blundeville

W

瓦罗	Varro
威廉・奥斯勒	William Osler
威廉・吉布森	William Gibson
威廉・威伯福斯	Willian Wilberforce
维吉提乌斯	Vegetius
维生素 D	vitamin D
沃尔特・布拉德福德・坎农	Walter Bradford Cannon
沃尔特・普莱怀特	Walter Plowright
乌鲁加迪娜	Urlugaledinna

X

西尼罗河病 / 病毒	West Nile disease/virus
希波克拉底	Hippocrates

习得性冷漠 / 无助	learned apathy/helplessness
小反刍兽疫	peste des petits ruminants (PPR)
新城疫病 / 病毒	Newcastle disease/virus

Y

亚里士多德	Aristotle
亚历山大・蒲柏	Alexander Pope
羊瘙痒病	scrapie
羊瘟	goat plague
伊本・阿尔 – 瓦尔德尼	Ibn Al-Wardni
伊万・巴甫洛夫	Ivan Pavlov
伊万・托罗奇诺夫	Ivan Tolochinov
衣原体	*Chlamydia*
疫苗 / 疫苗接种	vaccines/vaccination
英国皇家防止虐待动物协会	Royal Society for the Prevention of Cruelty to Animals (RSPCA)
英国皇家兽医外科学院	Royal College of Veterinary Surgeons
英国医学总会	General Medical Council (GMC)
硬脚垫症	Hardpad
幽灵网	ghost nets
有益微生物	beneficial microbes
预估育种的经济价值	estimated breeding value
约翰・亨特	John Hunter
约翰・胡克	John Hooke

约翰·雷	John Ray

Z

寨卡病毒	Zika virus
詹姆斯·斯蒂尔	James Steele
珍·古德尔	Jane Goodall
镇静剂	tranquillizers
正电子发射断层成像	positron emission tomography (PET)
中东呼吸综合征	Middle East respiratory syndrome (MERS)
锥虫病 / 锥虫	Trypanosomiasis/Trypanosomes
自身免疫性疾病	autoimmune disease

“走进大学”丛书书目

什么是地质？	殷长春	吉林大学地球探测科学与技术学院教授(作序)
	曾　勇	中国矿业大学资源与地球科学学院教授 首届国家级普通高校教学名师
	刘志新	中国矿业大学资源与地球科学学院副院长、教授
什么是物理学？	孙　平	山东师范大学物理与电子科学学院教授
	李　健	山东师范大学物理与电子科学学院教授
什么是化学？	陶胜洋	大连理工大学化工学院副院长、教授
	王玉超	大连理工大学化工学院副教授
	张利静	大连理工大学化工学院副教授
什么是数学？	梁　进	同济大学数学科学学院教授
什么是统计学？	王兆军	南开大学统计与数据科学学院执行院长、教授
什么是大气科学？	黄建平	中国科学院院士 国家杰出青年科学基金获得者
	刘玉芝	兰州大学大气科学学院教授
	张国龙	兰州大学西部生态安全协同创新中心工程师
什么是生物科学？	赵　帅	广西大学亚热带农业生物资源保护与利用国家重点实验室副研究员
	赵心清	上海交通大学微生物代谢国家重点实验室教授
	冯家勋	广西大学亚热带农业生物资源保护与利用国家重点实验室二级教授
什么是地理学？	段玉山	华东师范大学地理科学学院教授
	张佳琦	华东师范大学地理科学学院讲师
什么是机械？	邓宗全	中国工程院院士 哈尔滨工业大学机电工程学院教授(作序)
	王德伦	大连理工大学机械工程学院教授 全国机械原理教学研究会理事长
什么是材料？	赵　杰	大连理工大学材料科学与工程学院教授

什么是金属材料工程?

王　清　大连理工大学材料科学与工程学院教授

李佳艳　大连理工大学材料科学与工程学院副教授

董红刚　大连理工大学材料科学与工程学院党委书记、教授(主审)

陈国清　大连理工大学材料科学与工程学院副院长、教授(主审)

什么是功能材料?　李晓娜　大连理工大学材料科学与工程学院教授

董红刚　大连理工大学材料科学与工程学院党委书记、教授(主审)

陈国清　大连理工大学材料科学与工程学院副院长、教授(主审)

什么是自动化?　王　伟　大连理工大学控制科学与工程学院教授

国家杰出青年科学基金获得者(主审)

王宏伟　大连理工大学控制科学与工程学院教授

王　东　大连理工大学控制科学与工程学院教授

夏　浩　大连理工大学控制科学与工程学院院长、教授

什么是计算机?　嵩　天　北京理工大学网络空间安全学院副院长、教授

什么是人工智能?　江　贺　大连理工大学人工智能大连研究院院长、教授

国家优秀青年科学基金获得者

任志磊　大连理工大学软件学院教授

什么是土木工程?　李宏男　大连理工大学土木工程学院教授

国家杰出青年科学基金获得者

什么是水利?　张　弛　大连理工大学建设工程学部部长、教授

国家杰出青年科学基金获得者

什么是化学工程?　贺高红　大连理工大学化工学院教授

国家杰出青年科学基金获得者

李祥村　大连理工大学化工学院副教授

什么是矿业?　万志军　中国矿业大学矿业工程学院副院长、教授

入选教育部“新世纪优秀人才支持计划”

什么是纺织?　伏广伟　中国纺织工程学会理事长(作序)

郑来久　大连工业大学纺织与材料工程学院二级教授

什么是轻工?　石　碧　中国工程院院士

四川大学轻纺与食品学院教授(作序)

平清伟　大连工业大学轻工与化学工程学院教授

什么是海洋工程？ 柳淑学 大连理工大学水利工程学院研究员
入选教育部“新世纪优秀人才支持计划”
李金宣 大连理工大学水利工程学院副教授

什么是船舶与海洋工程？
张桂勇 大连理工大学船舶工程学院院长、教授
国家杰出青年科学基金获得者
汪 骥 大连理工大学船舶工程学院副院长、教授

什么是海洋科学？ 管长龙 中国海洋大学海洋与大气学院名誉院长、教授

什么是航空航天？ 万志强 北京航空航天大学航空科学与工程学院副院长、教授
杨 超 北京航空航天大学航空科学与工程学院教授
入选教育部“新世纪优秀人才支持计划”

什么是生物医学工程？
万遂人 东南大学生物科学与医学工程学院教授
中国生物医学工程学会副理事长(作序)
邱天爽 大连理工大学生物医学工程学院教授
刘 蓉 大连理工大学生物医学工程学院副教授
齐莉萍 大连理工大学生物医学工程学院副教授

什么是食品科学与工程？
朱蓓薇 中国工程院院士
大连工业大学食品学院教授

什么是建筑？ 齐 康 中国科学院院士
东南大学建筑研究所所长、教授(作序)
唐 建 大连理工大学建筑与艺术学院院长、教授

什么是生物工程？ 贾凌云 大连理工大学生物工程学院院长、教授
入选教育部“新世纪优秀人才支持计划”
袁文杰 大连理工大学生物工程学院副院长、副教授

什么是物流管理与工程？
刘志学 华中科技大学管理学院二级教授、博士生导师
刘伟华 天津大学运营与供应链管理系主任、讲席教授、博士生导师
国家级青年人才计划入选者

什么是哲学？ 林德宏 南京大学哲学系教授
南京大学人文社会科学荣誉资深教授
刘 鹏 南京大学哲学系副主任、副教授

什么是经济学？　原毅军　大连理工大学经济管理学院教授

什么是经济与贸易？

黄卫平　中国人民大学经济学院原院长

中国人民大学教授(主审)

黄　剑　中国人民大学经济学博士暨世界经济研究中心研究员

什么是社会学？　张建明　中国人民大学党委原常务副书记、教授(作序)

陈劲松　中国人民大学社会与人口学院教授

仲婧然　中国人民大学社会与人口学院博士研究生

陈含章　中国人民大学社会与人口学院硕士研究生

什么是民族学？　南文渊　大连民族大学东北少数民族研究院教授

什么是公安学？　靳高风　中国人民公安大学犯罪学学院院长、教授

李姝音　中国人民公安大学犯罪学学院副教授

什么是法学？　陈柏峰　中南财经政法大学法学院院长、教授

第九届“全国杰出青年法学家”

什么是教育学？　孙阳春　大连理工大学高等教育研究院教授

林　杰　大连理工大学高等教育研究院副教授

什么是小学教育？刘　慧　首都师范大学初等教育学院教授

什么是体育学？　于素梅　中国教育科学研究院体育美育教育研究所副所长、研究员

王昌友　怀化学院体育与健康学院副教授

什么是心理学？　李　焰　清华大学学生心理发展指导中心主任、教授(主审)

于　晶　辽宁师范大学教育学院教授

什么是中国语言文学？

赵小琪　广东培正学院人文学院特聘教授

武汉大学文学院教授

谭元亨　华南理工大学新闻与传播学院二级教授

什么是新闻传播学？

陈力丹　四川大学讲席教授

中国人民大学荣誉一级教授

陈俊妮　中央民族大学新闻与传播学院副教授

什么是历史学？　张耕华　华东师范大学历史学系教授

什么是林学？　张凌云　北京林业大学林学院教授

张新娜　北京林业大学林学院副教授

什么是动物医学？陈启军　沈阳农业大学校长、教授

国家杰出青年科学基金获得者

“新世纪百千万人才工程”国家级人选

高维凡　曾任沈阳农业大学动物科学与医学学院副教授

吴长德　沈阳农业大学动物科学与医学学院教授

姜　宁　沈阳农业大学动物科学与医学学院教授

什么是农学？　陈温福　中国工程院院士

沈阳农业大学农学院教授(主审)

于海秋　沈阳农业大学农学院院长、教授

周宇飞　沈阳农业大学农学院副教授

徐正进　沈阳农业大学农学院教授

什么是植物生产？李天来　中国工程院院士

沈阳农业大学园艺学院教授

什么是医学？　任守双　哈尔滨医科大学马克思主义学院教授

什么是中医学？　贾春华　北京中医药大学中医学院教授

李　湛　北京中医药大学岐黄国医班(九年制)博士研究生

什么是公共卫生与预防医学？

刘剑君　中国疾病预防控制中心副主任、研究生院执行院长

刘　珏　北京大学公共卫生学院研究员

么鸿雁　中国疾病预防控制中心研究员

张　晖　全国科学技术名词审定委员会事务中心副主任

什么是药学？　尤启冬　中国药科大学药学院教授

郭小可　中国药科大学药学院副教授

什么是护理学？　姜安丽　海军军医大学护理学院教授

周兰姝　海军军医大学护理学院教授

刘　霖　海军军医大学护理学院副教授

什么是管理学？　齐丽云　大连理工大学经济管理学院副教授

汪克夷　大连理工大学经济管理学院教授

什么是图书情报与档案管理？

李　刚　南京大学信息管理学院教授

什么是电子商务？李　琪　西安交通大学经济与金融学院二级教授

彭丽芳　厦门大学管理学院教授

什么是工业工程? 郑　力　清华大学副校长、教授(作序)

周德群　南京航空航天大学经济与管理学院院长、二级教授

欧阳林寒　南京航空航天大学经济与管理学院研究员

什么是艺术学? 梁　玖　北京师范大学艺术与传媒学院教授

什么是戏剧与影视学?

梁振华　北京师范大学文学院教授、影视编剧、制片人

什么是设计学? 李砚祖　清华大学美术学院教授

朱怡芳　中国艺术研究院副研究员

什么是有机化学? [英]格雷厄姆·帕特里克(作者)

西苏格兰大学有机化学和药物化学讲师

刘　春(译者)

大连理工大学化工学院教授

高欣钦(译者)

大连理工大学化工学院副教授

什么是晶体学? [英]A. M. 格拉泽(作者)

牛津大学物理学荣誉教授

华威大学客座教授

刘　涛(译者)

大连理工大学化工学院教授

赵　亮(译者)

大连理工大学化工学院副研究员

什么是三角学? [加]格伦·范·布鲁梅伦(作者)

奎斯特大学数学系协调员

加拿大数学史与哲学学会前主席

雷逢春(译者)

大连理工大学数学科学学院教授

李风玲(译者)

大连理工大学数学科学学院教授

什么是对称学? [英]伊恩·斯图尔特(作者)

英国皇家学会会员

华威大学数学专业荣誉教授

刘西民（译者）

大连理工大学数学科学学院教授

李风玲（译者）

大连理工大学数学科学学院教授

什么是麻醉学？ [英]艾登·奥唐纳（作者）

英国皇家麻醉师学院研究员

澳大利亚和新西兰麻醉师学院研究员

毕聪杰（译者）

大连理工大学附属中心医院麻醉科副主任、主任医师

大连市青年才俊

什么是药品？ [英]莱斯·艾弗森（作者）

牛津大学药理学系客座教授

剑桥大学 MRC 神经化学药理学组前主任

程　昉（译者）

大连理工大学化工学院药学系教授

张立军（译者）

大连市第三人民医院主任医师、专业技术二级教授

“兴辽英才计划”领军医学名家

什么是哺乳动物？ [英]T. S. 肯普（作者）

牛津大学圣约翰学院荣誉研究员

曾任牛津大学自然历史博物馆动物学系讲师

牛津大学动物学藏品馆长

田　天（译者）

大连理工大学环境学院副教授

王鹤霏（译者）

国家海洋环境监测中心工程师

什么是兽医学？ [英]詹姆斯·耶茨（作者）

英国皇家动物保护协会首席兽医官

英国皇家兽医学院执业成员、官方兽医

马　莉（译者）

大连理工大学外国语学院副教授

什么是生物多样性保护?

[英]大卫·W. 麦克唐纳(作者)

牛津大学野生动物保护研究室主任

达尔文咨询委员会主席

杨　君(译者)

大连理工大学生物工程学院党委书记、教授

辽宁省生物实验教学示范中心主任

张　正(译者)

大连理工大学生物工程学院博士研究生

王梓丞(译者)

美国俄勒冈州立大学理学院微生物学系学生